Cenacolo Jung-Pauli

Cenacolo Jung-Pauli

Jose Moniz

Universo quântico e sincronicidade

A visão antrópica.
As coincidências significativas.
O inconsciente coletivo.
O papel das pandemias
no caminho evolutivo humano.

Sumário

Cronologia do contexto

Cronologia da "Anima mundi"

Prefácio

O coronavírus Covid-19 é uma pandemia que está perturbando a organização social e econômica em todo o mundo. Diante disso, muitos se perguntam se essa tragédia é apenas um resultado do acaso, ou se é a conclusão inevitável de um caminho e se poderia ter sido evitada. As causas óbvias mais consideradas são essencialmente duas: o vírus nasceu de animais vendidos em um mercado na cidade chinesa de Wuhan ou o vírus foi desenvolvido em um laboratório de pesquisa biológica na mesma cidade de Wuhan.

As causas de tudo são menos consideradas, mas geraram um debate igualmente envolvente. Uma tese levada em consideração é que, na origem da pandemia, haveria um enredo econômico. Diz-se que os Estados Unidos espalharam o vírus para a China para conter o poder econômico emergente desta nação. Por outro lado, diz-se que a China espalhou o vírus no planeta para condicionar as economias opostas.

Segundo a ala católica mais extremista presente nos EUA e no próprio Vaticano, o vírus seria um castigo de Deus destinado a punir as aberturas inovadoras do Papa Francisco.

Depois, há ecologistas e ativistas de animais que veem no vírus a vingança de uma natureza estuprada em suas criaturas indefesas, morcegos, civetas e cobras que são massacradas por razões alimentares. Também existem hipóteses inspiradas na nova era sobre o poder de reequilíbrio de Gaia, nossa Mãe Terra.

Este livro oferece uma abordagem menos nebulosa, baseada em estudos feitos por personalidades de sólida estatura científica.

A teoria da sincronicidade, desenvolvida com metodologias rigorosas pelo famoso psicólogo Carl Jung e incentivada por seu defensor e colega Wolfgang Pauli, Prêmio Nobel de Física 1945, representa um ponto de partida muito válido para investigar as causas dos eventos que normalmente parecem aleatórios. . Provavelmente, a teoria da sincronicidade é a mais adequada para responder a essa pergunta: o coronavírus representa um evento nascido por acaso e destinado a terminar de maneira igualmente aleatória, ou contém significado que precisa ser revelado?

As sincronicidades descritas por Jung são aparentemente cadeias aleatórias de episódios, que, no entanto, contêm uma mensagem "numinosa". Embora a teoria da sincronicidade seja creditada ao campo da metafísica, as revelações mais atuais da física quântica demonstraram sua plausibilidade científica.

Este livro examina a possibilidade de inserir os numerosos casos de epidemias que se desenvolveram nos últimos anos (Sars, Mers, Hiv, Ebola, Covid-19 etc.) no contexto de uma sincronicidade global que está guiando a humanidade ao mais alto nível. de complexidade e consciência, o Omega Point previsto pelo cientista jesuíta francês Pierre Teilhard de Chardin.

1. Um quebra-cabeça feito de cronologias

"O conhecimento que você busca com o único propósito de enriquecer sua sabedoria ou acumular tesouros faz com que você se desvie do seu caminho.
O conhecimento que você busca para crescer no caminho do enobrecimento humano leva você um passo adiante."
(Rudolf Steiner, esoterista e teosofista austríaco)

A maior dificuldade que encontrei ao escrever este livro foi dar uma ordem conseqüente aos tópicos apresentados. A conclusão a que o livro tende não é intuitiva e entra em conflito com todas as opiniões atuais sobre o significado da vida e o destino do homem. O tecido lógico do livro é semelhante a um grande quebra-cabeça. Cada tópico exposto representa uma peça que não pode ser decifrada em seu significado específico, se não for colocada no lugar certo no plano geral.

Cada peça, por si só, é incompreensível. Por esse motivo, os quebra-cabeças representam, na tampa da caixa, o design geral que será obtido no final do jogo. O objetivo deste livro é demonstrar que nada acontece por acidente. Ao contrário do que dizem os materialistas, que o universo é governado pela aleatoriedade, uma inteligência universal opera no universo. Essa inteligência está guiando a humanidade em direção ao nível evolutivo máximo de complexidade e consciência.

Assim como cada peça de um quebra-cabeça é orientada a construir a imagem final, da mesma maneira que cada tópico exposto no livro é orientado a demonstrar o caminho da evolução humana em direção a esse objetivo. O leitor me perdoará se o design geral parecer confuso no início. Não é possível entender o significado de cada peça, exceto na perspectiva de que somente a partir de certo ponto o projeto geral começará a ficar claro.

O livro é inspirado na recente pandemia de coronavírus. Essa tragédia abriu um grande debate. De fato, as enormes dificuldades, as vítimas, a instabilidade econômica que o coronavírus está trazendo colocam o tópico em primeiro lugar em todos os lugares e em todas as formas de comunicação social.

Muitos olham para o futuro imaginando quais serão as consequências econômicas e para a saúde. Muitos outros se perguntam quais foram as causas que levaram ao desenvolvimento da epidemia. O livro tem como objetivo responder a ambas as perguntas, procurando as causas mais remotas e prevendo as consequências mais distantes.

Para racionalizar a exposição, preparei algumas cronologias que apresento brevemente neste capítulo de abertura. Deixo aos capítulos seguintes uma exposição mais detalhada. Cada linha do tempo é um elemento do quebra-cabeça que deve ser inserido na próxima linha do tempo. A cronologia final inclui todos, os conecta e dá um sentido lógico a cada um.

Uma cronologia, no sentido mais geral, é um sistema pelo qual os eventos são organizados e classificados de acordo com sua sucessão ao longo do tempo. Alguém, observando as cronologias que expus a seguir, pôde observar que elas são muito tendenciosas, ou seja, são construídas usando apenas alguns argumentos específicos, escolhidos para guiar o raciocínio em direção a uma conclusão arbitrária.

Desafio qualquer pessoa a demonstrar a existência de qualquer linha do tempo imune a um aspecto de arbitrariedade. Qualquer cronologia é construída usando apenas alguns fatos escolhidos dentre todos aqueles que representam a história geral do tópico. Inevitavelmente, cada cronologia visa apoiar e confirmar a tese do autor que a compôs.

A tarefa de uma cronologia consiste em listar uma série de eventos representados ao longo do tempo em que ocorreram.

A cultura dominante no período histórico atual é baseada no materialismo e afirma que tudo acontece de acordo com o acaso. Consequentemente, de acordo com as leis da estatística e leis de grande número, todos os eventos que dizem respeito a um tópico devem se espalhar de maneira substancialmente homogênea no tempo total. Seria surpreendente ver que, por outro lado, alguns fatos se agrupam em períodos específicos e desdenham absolutamente outros.

O exemplo mais impressionante é o da evolução das espécies. Segundo a teoria de Darwin, todas as mutações das espécies devem ocorrer gradualmente enquanto produzem a adaptação dos organismos vivos às condições mais vantajosas da existência. Disto também deriva a possibilidade de uma espécie se transformar em outra. Seria lógico que, devido à distribuição estatística de um imenso número de mutações, ocorridas ao longo de bilhões de anos, essas mutações representassem um fluxo homogêneo e constante. Em 1977, dois cientistas conhecidos, Stephen Jay Gould e Niles Eldredge, referindo-se aos estudos e à experiência de campo desenvolvidos especialmente por paleontólogos e paleoantropólogos, desenvolveram a teoria das "balanças pontilhadas". De acordo com essa teoria, a evolução das espécies ocorre através de períodos repentinos e rápidos de mutação, alternando com longos períodos de estase.

Como este livro nasceu da emoção da atual pandemia de coronavírus, uma cronologia cobrirá todas as infecções virais anteriores. Sabemos que a atual epidemia surge da transmissão do vírus de um animal selvagem, provavelmente um morcego, para os seres humanos. Também neste caso, se elaborarmos uma cronologia das principais infecções virais humanas devido ao contato com animais, podemos verificar se todas elas se condensam, mais ou menos, nos últimos cem anos. As últimas décadas foram marcadas por um crescimento de epidemias das quais não temos traços igualmente evidentes e consistentes em toda a história anterior da humanidade.

Portanto, consideramos essa explosão de episódios epidêmicos relacionados ao contato com animais como um "evento significativo" neste momento específico da história da humanidade. Se as epidemias fossem aleatórias, elas não seriam significativas. Mas essas epidemias não são acidentais, caso contrário, elas seriam distribuídas ao longo da história da humanidade. Graças a esse significado, os episódios epidêmicos das últimas décadas, incluindo Covid-19, são uma peça que mantemos de lado para inseri-la no design geral que estamos construindo.

Outra cronologia cheia de aspectos surpreendentes é a relativa ao desenvolvimento da civilização. Normalmente, as idades do homem são divididas em pedra, cobre, bronze, ferro e assim por diante até a era atual.

Essa cronologia é imediatamente caracterizada pela tendência a melhorar o nível da civilização. Embora com os altos e baixos principalmente dependentes de guerras e catástrofes, a tendência geral é a de um aumento progressivo no nível cultural da espécie humana. Isso contrasta com o conceito de evolução devido ao acaso, muito amado pelos materialistas, principalmente em dois aspectos.

O primeiro aspecto é o mais evidente. Se a evolução fosse devida ao acaso, haveria milhões de possibilidades de uma involução negativa em comparação com a única possibilidade de evolução positiva, que nos transformou de brutos em sapiens. Uma evolução cultural aleatória certamente teria sido caótica e desordenada e nunca poderia expressar a linearidade que levou a espécie humana a ser o que é hoje. Além disso, para o bem ou para o mal, a evolução se desenrolaria homogeneamente durante toda a existência do homem.

De fato, a espécie humana, considerando os primeiros hominídeos, existe há pelo menos dois milhões de anos. É extraordinário considerar que o homem viveu na chamada idade da pedra durante quase toda a sua história, até o final do período neolítico, cerca de cinco mil anos atrás. A partir desse momento, começou a era dos metais. Se considerarmos a data de 2.000.000 de anos como o começo da aventura humana, depois de ter vivido 1.995.000 de anos trabalhando na pedra, de repente, em apenas 5.000 anos, o homem deu um salto cultural tão espetacular que lhe permitiu construir naves espaciais capazes de transportá-lo para a Lua ou Marte.

Obviamente, algo inesperado aconteceu nos últimos cinco mil anos. Esta parte da história da humanidade deve ser considerada como o começo de um evento que poderíamos chamar de milagroso. Este é o período em que vamos nos concentrar.

É extremamente difícil explicar esse milagre evolutivo com assuntos antropológicos, físicos, biológicos ou científicos. Vamos dar uma explicação metafísica. A Metafísica quer explicar o mundo olhando para além da pura materialidade feita de coisas que podem ser vistas e tocadas, e investiga a natureza em todos os aspectos possíveis, muitos dos quais são feitos de coisas que não podem ser vistas nem tocadas, mas existem.

Uma distinção deve ser feita. Vamos dar o exemplo da gravidade. A força da gravidade não pode ser vista ou tocada, mas existe e age poderosamente no mundo. Ninguém suspeitou de sua existência até que uma maçã caiu na cabeça de Newton. No entanto, a gravidade não pertence ao campo da metafísica, mas à física. Embora a gravidade não possa ser vista ou tocada, ela foi completamente definida e é uma das quatro forças fundamentais que regulam o funcionamento físico do mundo feito de matéria. A gravidade funciona exatamente como esperamos que funcione, e continuará a fazê-lo enquanto o universo em que vivemos continuar sendo feito como é.

A metafísica inclui aspectos da natureza que só podemos adivinhar. Não há leis metafísicas: se existissem, seriam leis físicas.

A metafísica pode investigar comportamentos da natureza que não estão relacionados à matéria. Alguém continua acreditando que a matéria, como a conhecemos, é a única realidade existente no universo. A matéria não é a única, nem no plano estritamente físico. Os cientistas chamam de "matéria bariônica" a matéria que vemos e tocamos, como nossas próprias mãos ou como as pedras na beira da estrada ou como as galáxias mais distantes. Hoje sabemos que, além da "matéria bariônica", existe a "matéria escura", um componente do universo sobre o qual não sabemos absolutamente nada.

A Metafísica sustenta que outras forças "não materiais" do cosmos existem além da matéria, ou as forças invisíveis conectadas à matéria. Essas forças não podem ser estudadas ou medidas em laboratório; portanto, a ciência materialista nega sua existência. Essas são forças desconhecidas que só podem ser intuídas e investigadas com a inteligência humana.

Portanto, a metafísica pressupõe a existência de uma forma de inteligência cósmica que só pode se revelar uma "igual", isto é, para outra inteligência. A sinergia dessas duas forças causa a transferência de intuições e conhecimentos de uma para a outra. Talvez a inteligência cósmica queira nos guiar para sermos semelhantes a ela. Muitos chamam essa inteligência de "Deus". Então podemos ser iguais a Deus? No plano físico e no plano da matéria, certamente não. Em um nível espiritual, provavelmente sim.

A metafísica investiga a história dessa evolução do humano em direção ao divino.

Tudo o que acontece pode ter um significado principal, ligado à materialidade, e pode ser colocado dentro do contexto das leis determinísticas, de modo que toda ação material provoque uma reação na matéria. Frequentemente, isso não faz sentido imediato, mas pode ser explicado pelas leis da física.

Em vez disso, de acordo com a metafísica, muitas coisas que acontecem têm um significado intrínseco no nível do espírito e só podem ser entendidas pelo espírito daqueles que as contemplam.

Nesse ponto, podemos introduzir uma terceira cronologia, a do desenvolvimento no conhecimento das forças destinadas a guiar o homem em direção à meta que um grande teólogo incompreendido, Pierre Teillard De Chardin, chamou de "ponto Omega". O ponto Omega é o nível mais alto de complexidade e consciência para o qual o universo tende a evoluir.

Nesta cronologia, resumimos muitas das intuições do homem sobre a existência de uma realidade espiritual superior, mas deixamos de lado as hipóteses religiosas exclusivamente fideísticas. No nível da metodologia científica aplicada às realidades metafísicas, os estudos do conhecido psicólogo suíço Carl Gustav Jung, relativos ao inconsciente coletivo e à teoria da sincronicidade, assumem uma importância predominante. Os estudos de Jung foram compartilhados com um dos pais da física quântica, Wolfgang Pauli.

Também neste caso, a cronologia dos eventos revela uma agregação temporal singular entre os estudos de Jung e o nascimento da física quântica. Não é por acaso que os dois eventos foram contemporâneos, especialmente se considerarmos que as teorias de Jung podem encontrar confirmação nos surpreendentes experimentos quânticos.

De fato, os estudos de Jung pressupõem a existência de "espaços psíquicos" nos quais ocorrem fenômenos relacionados à psique humana. Ao mesmo tempo, experimentos de física quântica demonstram a existência de "não localidade", uma área da física que pode ser definida como psíquica porque não cumpre nenhuma lei física e não sofre nenhuma das limitações típicas da matéria.

A primeira cronologia na qual focaremos é o nascimento do universo. Por que o universo é assim? De fato, o universo é o lugar que permite ao homem existir. Os parâmetros que tornam possível a existência do homem são milhares e estão todos exatamente coordenados entre si. Para citar apenas um, se a Terra estivesse mais distante ou mais próxima do Sol, a vida na Terra não seria possível. Mas existem dezenas de constantes universais "forçadas": se elas não tivessem precisamente o valor numérico que possuem, o universo não poderia ter hospedado a vida.

Portanto, essa cronologia começa no exato momento do Big Bang e continua até a afirmação da teoria antrópica. Essa teoria prevê, em bases científicas, que o universo é feito assim porque foi projetado para ser assim, para que a vida inteligente possa existir.

Antes de tudo, a ciência reconhece a criação do universo com as características que tornam a vida possível. Além disso, a teoria antrópica sustenta que o universo deriva de um projeto que prevê o nascimento de uma vida inteligente. Uma terceira maneira de conhecimento, a metafísica, é responsável por investigar a origem, o desenvolvimento e o objetivo final da inteligência que norteia esse projeto.

A metafísica deste livro elabora hipóteses sobre os vínculos existentes entre as várias cronologias representadas e propõe interpretações sobre como esses vínculos podem fazer parte de um projeto evolutivo global. Todas as cronologias que mencionamos têm a característica de negar a aleatoriedade dos eventos listados. Tudo faz parte de um design único em uma realidade em que "Tudo é um".

Cronologia do contexto

"O universo se origina e existe apenas em virtude da consciência."
(Max Planck, iniciador da física quântica)

Cada solucionador de quebra-cabeças possui um método personalizado para atingir o objetivo de recompor a figura no menor tempo possível. Quando as peças do quebra-cabeça acumuladas na mesa excederem mil, a melhor estratégia é começar reduzindo-as o máximo possível em número. Isto é conseguido colocando imediatamente as peças que têm poucas dúvidas sobre sua posição, isto é, as bordas externas. Essas peças são facilmente reconhecidas porque possuem uma aresta de corte reta. Os quatro cantos têm duas arestas de corte retas. As bordas superior e inferior podem ser reconhecidas pela borda reta e pela cor predominante. Ao organizar as bordas, uma ou mais centenas de peças se encaixam imediatamente, reduzindo significativamente a quantidade restante.

Neste capítulo, faremos o mesmo definindo o contexto geral, ou seja, a cronologia mãe na qual todos os outros serão colocados. Essa cronologia se desenrola ao longo de dois períodos muito distantes. O primeiro remonta a quase quatorze bilhões de anos atrás, e agrupa todos os eventos que ocorreram no período muito curto após o Big Bang, quando o universo foi formado com as características que conhecemos.

A segunda era remonta ao século passado, quando a ciência mediu e compreendeu muitos parâmetros subjacentes ao universo. Concluiu-se que o universo, em sua composição e funcionamento, depende de uma complexidade de parâmetros básicos, cada um assumindo o valor exato para permitir, em combinação com os demais, a existência da vida. Se apenas um valor fosse ligeiramente diferente, a vida no universo não poderia existir.

Dizer que esse é o resultado do acaso é decididamente ridículo. Havia apenas uma possibilidade, entre bilhões de bilhões de bilhões, de que o universo pudesse alcançar esse equilíbrio, capaz de permitir a existência de vida inteligente como a conhecemos.

Até o homem que, de acordo com a ciência materialista, é o resultado do acaso, propõe, de um modo pequeno, um mistério criativo semelhante. O homem é materialmente o resultado da montagem de uma certa quantidade de elementos químicos. Se analisarmos um corpo humano e o dividirmos nos primeiros elementos que o compõem, teremos água, gorduras, proteínas e outros elementos em várias porcentagens.

Agora, vamos pegar esses produtos químicos e colocá-los no liquidificador, depois vamos misturar. No final, verificamos se um homem sai do copo.

Poderemos misturar bilhões de vezes alterando bilhões de combinações de velocidade e temperatura, mas um homem NUNCA sairá do nosso liquidificador. Ainda assim, a ciência materialista afirma que a natureza foi capaz de misturar aleatoriamente alguns elementos e conseguir um homem. Alguém realmente acredita nisso?

E mesmo que fosse possível, antes de conseguir um homem como o conhecemos, quantos seres com três pernas e cinco olhos teriam nascido daquele liquidificador? Se a natureza casualmente produzisse seres vivos, quantos monstros veríamos por aí?

Tudo começa com o Big Bang

A verdade é que o projeto do homem foi escrito desde o início e, embora com pequenos ajustes evolutivos, o homem sempre foi o que é hoje. Nunca foi previsto que a criação pudesse produzir semi-homens.

Da mesma forma, na criação do universo, foi estabelecido desde o início que o universo deveria ser adequado para hospedar a vida.

Cerca de 13,7 bilhões de anos atrás, toda a matéria do universo estava concentrada em um ponto infinitesimal que o físico George Lamaitre chamou de "átomo primitivo". Hoje ainda não há termos adequados para definir física ou matematicamente esse ponto, que é, portanto, chamado de *singularidade*. Obviamente, a densidade e a temperatura possuídas pela singularidade eram inimagináveis. Não sabemos como e por quê, mas a singularidade explodiu. Essa explosão é chamada de Big Bang. Não podemos dizer onde ou quando a explosão ocorreu, porque o espaço e o tempo não existiam. Mas podemos dizer que esse foi um evento criativo. De fato, no exato momento da explosão, o tempo e o espaço começaram a existir. Como Santo Agostinho diz na *Cidade de Deus*:

"O mundo e o tempo têm o mesmo começo. O mundo não foi criado dentro do tempo, mas junto com o tempo".

Portanto, seria absurdo tentar descobrir "o que havia antes do Big Bang". Não existe "antes", mas apenas "a partir desse momento".

Após a explosão, a matéria, previamente comprimida na singularidade, começou a se expandir a uma velocidade incrível. A teoria do Big Bang suplantou a de um universo eterno, infinito e estático, que foi mantida válida até o início do século XX.

O universo não é estático porque se expande. Pela mesma razão, nem é infinito. Talvez o espaço seja infinito, mas o universo não. Além disso, de acordo com o paradoxo de Olbers, se o universo fosse realmente infinito, o céu noturno teria que brilhar por causa das infinitas estrelas presentes. Esse paradoxo já havia sido enunciado por astrônomos famosos como Kepler, Bentley e Halley, antes mesmo de a teoria do Big Bang se tornar atual.

O universo continua a se expandir hoje. Enquanto isso, permitiu o desenvolvimento de vida baseada em carbono. A história do nascimento do carbono é longa e complexa. O carbono é um átomo composto por seis prótons, portanto, não foi um dos primeiros elementos gerados no universo. Hoje sabemos que o carbono nasce nos fornos das estrelas. Antes do aparecimento do carbono, o gás primordial precisava começar a se consolidar para moldar as estrelas.

O primeiro elemento químico nascido imediatamente após a explosão do Big Bang foi o mais simples, consistindo de um único próton, o hidrogênio. Cerca de duzentos segundos após o Big Bang, os átomos de hidrogênio começaram a se fundir. Um átomo de hélio nasceu de dois átomos de hidrogênio e um átomo de lítio nasceu de três átomos de hidrogênio. Evidentemente, o hélio possui dois prótons e o lítio, três. Ainda estamos longe do nascimento do carbono, que possui seis prótons.

O milagre do carbono

Após a formação das estrelas, outros elementos químicos começaram a ser gerados dentro deles. A fusão de dois átomos de hélio, com dois prótons cada, gerou um átomo de berílio, que possui quatro prótons. Poderíamos imaginar que, nesse jogo de fusões, a combinação de um átomo de berílio com quatro prótons e um átomo de hélio com dois prótons poderia finalmente levar ao átomo de carbono com seis prótons. Mais fácil dizer do que perceber. De fato, assim que foi criado, o átomo de carbono com seis prótons decaiu imediatamente em três átomos de hélio com dois prótons cada.

No entanto, o projeto criativo do universo precisava de átomos de carbono estáveis para permitir a existência de nossa vida, que é baseada em carbono. Um mecanismo providencial interveio: toda vez que o hidrogênio é escasso em uma estrela, a temperatura sobe até cem milhões de graus Kelvin. Esta temperatura é suficiente para estabilizar o carbono. Certamente, uma vida baseada em carbono nunca poderia nascer entre as temperaturas infernais de uma estrela. Daí o toque final: as estrelas, que chegaram ao fim de seu ciclo de vida, explodem como supernovas e despejam sua preciosa carga de carbono estabilizado no espaço. Portanto, o carbono pode viajar para se estabelecer na superfície de planetas mais hospitaleiros.

O ditado de que "somos todos filhos das estrelas" é muito verdadeiro. Cerca de dez bilhões de anos se passaram desde o início do Big Bang, antes do carbono começar a se espalhar pelos planetas, mas o universo não tem pressa e seus tempos não são os nossos. A Terra tem cerca de 4,54 bilhões de anos, então foi formada a tempo de receber sua dose de carbono das explosões estelares e permitir que esse carbono se torne carne, osso e sangue das infinitas espécies biológicas que o habitam, inclusive nós si mesmos.

Alguém ainda quer argumentar que essa história maravilhosa é apenas um conto de fadas e que somos fruto casual de uma centrifugação de matérias-primas?

As constantes universais

Naturalmente, a história do carbono é apenas uma das infinitas coincidências, todas colimadoras, que tornaram possível a existência da vida no universo.

Podemos examinar algumas das constantes físicas fundamentais. As constantes representam a tentativa da ciência de descrever o funcionamento do universo com leis e fórmulas. O objetivo é alcançar o conhecimento da realidade da maneira mais objetiva possível.

Mais exatamente, uma constante é reconhecida quando a combinação de certas proporções que são fixas e invariáveis ao longo do tempo é descoberta. Essas combinações são chamadas constantes físicas fundamentais. Eles se expressam com um número ou fórmula, e seu valor é universalmente aceito como tal.

Podemos dar alguns exemplos:

- A velocidade da luz no vácuo, definida pela letra c, é igual a 299.792.458 quilômetros por segundo.

- A unidade de carga elétrica (e) é igual a $1,602176634 * 10^{-19}$ coulomb.

Existem dezenas de constantes físicas fundamentais, como a constante de Planck, a carga de elétrons, a unidade de massa atômica, o feixe eletrônico, o raio de Bohr, as constantes de Boltzmann, Faraday, Rydberg e Compton. , os momentos magnéticos do elétron e do próton, dos magnetons, das massas em repouso do elétron, do próton e do nêutron, etc.

Cada constante afeta todas as outras constantes e cada uma delas, se fosse um pouco diferente, causaria a inexistência do universo adequado à vida.

Somente a presença contemporânea de todas essas constantes (provavelmente ainda existem muitas desconhecidas) com seus próprios valores específicos nos permite estar aqui para viver e nossas vidas.

Se considerarmos que cada constante poderia ter milhões de valores diferentes e que todas as constantes poderiam ter se combinado bilhões de maneiras diferentes, podemos entender qual loteria ganhamos para existir hoje. Se não fosse assim, não estaríamos aqui para contar. Esta não é uma tautologia, mas a confirmação de um evento extremamente improvável.

De acordo com algumas estimativas, a probabilidade de o universo ter a configuração atual, considerando as possíveis condições iniciais no momento do Big Bang, é de 1 em 100^{123}. Esse é um número tão grande que não conseguimos escrever com todos os zeros. Se associarmos zero a cada partícula no universo, elétrons, prótons e nêutrons, tudo isso não será suficiente para escrever esse número.

Mas realmente ganhamos na loteria aleatória ou já estava prevista essa solução quando a singularidade inicial explodiu no Big Bang?

No século passado, alguns cientistas começaram a suspeitar que a segunda hipótese era a mais válida. A suspeita era que o homem não nasceu casualmente de um universo gerado pelo acaso, mas que o universo havia sido projetado exatamente como era, para poder hospedar o homem. Portanto, o homem não seria uma conseqüência casual do universo, mas o universo seria uma criação voltada para a existência do homem. Assim nasceu a teoria chamada "antrópica".

O princípio antrópico

A teoria antrópica surge da consciência de que nossa existência é possível graças à combinação de inúmeras coincidências, os valores das constantes fundamentais do universo.

Seria suficiente que apenas um desses parâmetros violasse suas margens de compatibilidade, todas muito estreitas, para apagar a vida de nosso planeta.

Em 1973, o físico Brandon Carter participou do simpósio "Comparação de teorias cosmológicas com os dados das observações", realizado em Cracóvia, Polônia. Carter leu seu artigo "Large Number Coincidences and the Anthropic Principle in Cosmology" (*As inúmeras coincidências e o princípio antrópico na cosmologia*).

Pela primeira vez, o termo "princípio antrópico" foi introduzido em um fórum científico. O termo antrópico, de derivação grega, significa "que diz respeito ao homem". Num sentido estendido, o princípio antrópico é "o princípio que vê o homem como protagonista".

Carter nasceu na Austrália em 1942. Estudou em Cambridge com Dennis Sciama. Atualmente, ele trabalha na França como pesquisador do CNRS. Em sua carreira, ele colecionou muitos sucessos. Ele encontrou a solução exata para as linhas geodésicas de "vácuo elétrico" de Kerr-Newman. Durante esses estudos, ele descobriu a existência de uma quarta constante de movimento, a constante de Carter e o tensor de Killing-Yano. Juntamente com Stephen Hawking e Werner Israel, Carter demonstrou o teorema da relatividade essencial, segundo o qual cada buraco negro estacionário é completamente caracterizado por massa, carga elétrica e momento angular. Recentemente, em colaboração com outros cientistas, ele formulou uma teoria relativística das deformações elásticas nas estrelas de nêutrons. Então Carter não é um cientista de segundo nível, mas uma personalidade altamente respeitada.

Após o primeiro anúncio da teoria antrópica feita em Cracóvia, Carter apresentou suas idéias em 1974, em uma publicação da União Astronômica Internacional, e esclareceu seu conceito em várias ocasiões subseqüentes.

A teoria de Carter não foi bem-vinda pelo mundo científico. Por causa de sua novidade e subsequentes interpretações espirituais, o princípio antrópico irrita muito os cientistas, principalmente os materialistas, que vêem essa teoria como um retorno ao passado.

Na atual ciência positivista e materialista, o processo evolutivo da matéria, do Big Bang ao ser humano, deve ser entendido como um processo absolutamente aleatório. O nascimento e a existência do universo não implica nenhum propósito, porque derivam do acaso e são governados apenas pelas leis físicas da matéria.

Na verdade, a teoria de Carter destaca um aspecto aparentemente banal: o homem vive em um universo que permite a existência da vida como a conhecemos. Se, no nascimento do universo, uma ou mais constantes físicas fundamentais tivessem um valor diferente, nossa vida não seria possível porque estrelas, galáxias e planetas não teriam se formado.

Provavelmente essa enunciação, chamada "formulação fraca", passaria despercebida se não tivesse sido seguida por algumas formulações "fortes" que colocam fortemente a consciência em jogo. A consciência do homem não é o resultado absolutamente aleatório de uma evolução caótica da matéria, mas o ponto de chegada de uma história cósmica que tinha o objetivo de desenvolver a consciência.

Isso constitui a inversão da visão materialista da relação entre o homem e o cosmos, nascida no período do Iluminismo e ainda válida. O materialismo é parte integrante e predominante do sistema de crenças científicas fundamentais do Ocidente moderno. Na prática, a visão científica materialista substituiu a visão religiosa dos milênios anteriores e se tornou uma religião. Portanto, não é de surpreender que a ciência se rebele contra uma mudança tão radical nos princípios fundamentais que governam sua interpretação do mundo.

A consciência entendida como autoconsciência, espiritualidade, conjunto de sentimentos e capacidade de governá-los não é concebível na visão materialista porque pressupõe a existência de algo externo e independente da matéria.

Embora o primeiro relatório de Carter em Cracóvia seja chamado de "formulação fraca", ele já continha a semente de formulações fortes subsequentes. Carter observou que a cosmologia moderna havia removido o homem e o planeta Terra do centro do universo, mas especificou que:

"... mesmo que nossa situação não seja central, é inevitavelmente privilegiada em alguns aspectos."

Este esclarecimento continha implicações absolutamente surpreendentes.

De fato, hoje estamos confiantes de que o Big Bang começou todas as coisas, incluindo espaço e tempo. Com isso, as teorias de Ptolomeu, já contestadas por Copérnico, foram definitivamente canceladas. Ptolomeu previu um universo antropocêntrico, no qual o homem dominava o universo a partir do centro. Na cosmologia copernicana e nas cosmologias posteriores, a Terra e o homem são removidos do centro do universo. De Copérnico em diante A Terra se torna um pequeno planeta que circula em torno de uma pequena estrela chamada Sol. Por fim, na astronomia moderna, a Terra não é mais central, mas é um elemento microscópico e insignificante na imensidão do cosmos.

O princípio antrópico de Carter não contesta essa realidade, mas afirma que, em qualquer caso, nossa posição no universo é igualmente privilegiada. Se a Terra não é mais central no universo, essa centralidade é confiada ao homem. Segundo Carter, as propriedades do universo devem ser tais que permitam o desenvolvimento dos seres vivos. Não é mais o homem que precisa se adaptar ao universo, mas é o universo que deve ser adequado ao homem. As leis que governam o universo devem permitir a existência de vida inteligente.

O princípio antrópico final de Barrow e Tipler.

Uma grande contribuição para a compreensão do princípio antrópico na declaração de Carter e nas declarações subseqüentes é dada por John Barrow e Frank Tipler com seu livro *The Anthropic Cosmological Principle*. Os autores fornecem instruções precisas para definir as diferentes versões. O princípio antrópico fraco é definido da seguinte forma:

> "Os valores observados de todas as quantidades físicas e cosmológicas não são igualmente prováveis, mas são limitados pelo requisito de que existam lugares onde a vida baseada em carbono possa evoluir e pelo requisito de que o universo tenha idade suficiente para já permitir isso".

Em vez disso, o forte princípio antrópico está subjacente a esta definição:

> "O universo *deve* ter propriedades que em algum momento de sua história permitam que a vida se desenvolva dentro dele".

Como conseqüência dessa definição (com o verbo *deve*), muitos veem no princípio forte a expressão de um design, de um finalismo na história do universo. A história do cosmos, desde o primeiro momento, teria sido obrigatoriamente direcionada ao aparecimento da vida e da consciência.

A essas duas interpretações (fraca e forte), Barrow e Tipler também acrescentam o "Princípio Antrópico Final", resultado de sua elaboração, segundo a qual o "must" é significativamente fortalecido:

"O processamento inteligente de informações deve necessariamente se desenvolver no universo e, uma vez que apareça, nunca será extinto".

Há uma diferença entre o desenvolvimento da "vida biológica" e o do "processamento inteligente de informações". De fato, a vida biológica não é necessariamente inteligente. Desse ponto de vista, a existência de uma vida biológica simples não entra em conflito com a visão materialista. Em vez disso, o processamento inteligente de informações pressupõe a intervenção de uma consciência. A inteligência consciente sofre o condicionamento da química do corpo, mas não é completamente escravizada por ela. A consciência pode processar informações e imaginar cenários que vão muito além da química materialista. A consciência combinada à inteligência desenvolve conceitos que não são mais resíduos espúrios da química do corpo, mas têm sua própria dignidade, que é totalmente independente dos condicionamentos da matéria.

O "Princípio Supremo" afirma que a capacidade de processar informações de forma inteligente, quando aparece, "nunca se extinguirá". O materialismo militante apela a esse "nunca" porque considera que é contrário ao destino da espécie humana no futuro universo.

Isso requer algumas considerações sobre o destino do universo. O que acontecerá no futuro? Qual será a evolução do universo de acordo com as teorias cosmológicas?

O modelo padrão do Big Bang prevê que o universo pode evoluir de duas maneiras, que dependem da quantidade total de matéria e do impacto da gravidade sobre esse assunto. Em uma hipótese, em algum momento a gravidade prevalecerá sobre a força expansiva e o universo começará a se comprimir até retornar à sua singularidade inicial ou, mais precisamente, a um evento chamado *Big Crunch*, no qual o universo se cancelará. Em outra hipótese, o universo continuará se expandindo até se dissolver em uma grande escuridão fria, uma condição na qual as estrelas estarão todas muito distantes. Cada estrela será isolada no universo. Nesta situação, toda a vida será extinta para deixar espaço para a "morte antrópica".

No entanto, alguns especulam que o homem será capaz de se adaptar a essa condição extrema e continuará a existir em formas de vida não biológicas produzidas pela tecnologia. Serão formas de vida que não precisarão mais de corpos biológicos, mas manterão a autoconsciência. Talvez o homem descubra o segredo da eternidade. Comparado a essa hipótese, Barrow e Tipler podem argumentar que os sistemas de vida inteligentes, uma vez que apareçam no universo, "nunca serão extintos".

O "princípio antrópico participativo" e a mecânica quântica

As formulações do princípio antrópico examinadas até agora fornecem o forte envolvimento da consciência humana na determinação dos propósitos do universo.

O conceito segundo o qual o universo, uma vez desenvolvido de maneira completamente aleatória, permitiu o nascimento de formas de vida adequadas à sua configuração, é derrubado por um conceito diferente. O universo assim desenvolvido para permitir a existência de formas de vida dotadas de consciência. Não é o universo que condiciona a existência de seres conscientes, mas é a consciência que permite a existência do universo.

A consciência não surge como uma habilidade acessória desenvolvida aleatoriamente em alguns seres biológicos, mas é o objetivo final para o qual o universo se desenvolveu como é.

Essas são afirmações surpreendentes. No entanto, essas são teorias apoiadas em argumentos válidos propostos por cientistas altamente credenciados. No entanto, torna-se fácil para a ciência materialista argumentar que essas são especulações metafísicas sem valor. De fato, de acordo com os materialistas, não há evidências e os argumentos não são apoiados por nenhum resultado experimental.

Nesse ponto, outro ramo da ciência oficial entra em ação e propõe um argumento ainda mais surpreendente. "O universo existe porque estamos aqui para observá-lo."

Desta vez, existem experimentos tão sólidos que se tornaram rotina em muitos laboratórios. Nas últimas décadas, a física quântica delineou com precisão o papel do observador na experimentação científica. Evidentemente, o papel do observador implica sua vontade observacional e, portanto, sua consciência. Os métodos de observação determinam o resultado do experimento e, portanto, o comportamento da matéria depende do observador. Isso significa que se não estivéssemos aqui para observar a matéria, isto é, o universo, o próprio universo não existiria ou seria completamente diferente. Somos nós que, ao observá-lo, permitimos que o universo exista como ele é.

O experimento de dupla fenda

Para uma melhor compreensão da importância do papel do observador na física quântica, acho útil mencionar o experimento que consagrou a afirmação de que o observador determina a realidade.

É um experimento bastante antigo. Na primeira versão, pretendia-se resolver a questão, se a luz era constituída por ondas ou era de natureza corpuscular.

Newton acreditava que a luz era composta de corpúsculos. No início do século XIX, a idéia de que a luz era de natureza ondulatória começou a se firmar. Por essa razão, em 1801, Thomas Young concebeu um experimento, baseado em uma fonte de luz e uma barreira com duas fendas.

Young lançou raios de luz contra a barreira. Na parte de trás havia uma tela sensível à luz.

Quando a luz passou pela barreira, a tela atrás dela foi examinada. Se pontos apareceram na tela, evidentemente a luz era feita de corpúsculos. Se, em vez de as figuras de interferência aparecerem, evidentemente a luz tinha uma natureza ondulatória.

A figura de interferência pode ser imaginada como a soma de duas ondas. Jogue duas pedras em sucessão em um lago. Ambas as pedras criarão círculos na água. Esses círculos se ampliam e se somam. O mesmo acontece no experimento. A luz, se for uma onda, passa pelas duas fendas. Na saída, na parte de trás da barreira, duas novas ondas são formadas. As duas ondas se expandem, se encontram e se somam. Dessa forma, eles geram a chamada "figura de interferência". Na prática, esta figura aparece na tela colocada atrás da barreira como uma espécie de código de barras.

O experimento confirmou a natureza da onda, porque as figuras de interferência apareceram. Hoje sabemos que não é exatamente assim: a luz é ao mesmo tempo onda e partícula.

A confirmação dessa dupla natureza da luz ocorreu quando a tecnologia moderna, muito mais sofisticada, permitiu lançar apenas um fóton por vez contra a barreira.

Nesta versão moderna, o experimento de dupla fenda foi realizado pela primeira vez em 1961 por Claus Jönsson, da Universidade de Tübingen. O experimento foi subsequentemente repetido por Pier Giorgio Merli, Gianfranco Missiroli e Giulio Pozzi em 1974 em Bolonha. Os três enviaram um elétron de cada vez em uma placa fotográfica atrás da barreira. Os resultados do experimento de 1974 também foram publicados em forma de filme, mas, incompreensivelmente, foram ignorados. Quando Akira Tonomura, um físico japonês do Centro de Pesquisa Hitachi, repetiu o experimento em 1989, ele acreditava que era o primeiro a realizá-lo. Não foi, mas isso não impediu que uma comunicação correta de seus resultados fosse extremamente bem-sucedida. De fato, Tonomura confirmou o resultado surpreendente que havia sido previsto pelos físicos quânticos. Em 2002, um referendo entre os leitores da revista *Physics World* estabeleceu que o experimento de dupla fenda de elétron único deve ser considerado como "o experimento mais bonito de todos os tempos".

Podemos entender a natureza extraordinária dos resultados se seguirmos o experimento passo a passo em seu desenvolvimento.

Imagine um lançador de fótons colocado na frente de uma barreira com duas fendas. Uma tela semelhante a um filme fotográfico havia sido colocada na parte de trás da barreira, capaz de registrar toda a luz que poderia filtrar através das fendas.

O conceito era o mesmo do experimento original. O lançamento de um único fóton teria atravessado uma ou outra fenda, atraindo um ponto brilhante na tela fotográfica atrás dela.

Os pesquisadores inicialmente lançaram fótons únicos, mantendo apenas uma fenda aberta. Os fótons se comportaram de acordo com as previsões: eles cruzaram a única fenda disponível e marcaram a passagem com um ponto brilhante na tela fotográfica

Em seguida, os pesquisadores lançaram um único fóton segurando duas fendas abertas. Bem, o fóton passou por ambas as fendas e desenhou um padrão de interferência na tela. Parece que DOIS fótons foram lançados. No entanto, houve apenas um fóton lançado. Seria possível que um único fóton passasse por duas fendas ao mesmo tempo? Poderia um único fóton passar por duas fendas e depois interferir consigo mesmo?

Sim, foi possível. De fato, o fóton lançado contra uma única fenda se comportava como uma partícula, enquanto o mesmo fóton, lançado contra duas fendas, se comportava como uma onda, porque se expandiu e passou por ambas.

No entanto, as peculiaridades não param por aí. Obviamente, o fóton era um e as fendas eram duas. A passagem produziu ondas de interferência, o que significa que o fóton passou por ambas as fendas. Os cientistas decidiram verificar experimentalmente qual das duas fendas, que chamaremos de A e B, foi cruzada. Em seguida, eles colocaram um detector atrás da fenda A e voltaram a disparar fótons.

Como resultado, eles obtiveram uma série de pontos brilhantes na tela atrás da fenda A. Ou seja, os fótons sem dúvida passaram pela fenda equipada com o detector.

Eles removeram o detector e lançaram outros fótons: as figuras de interferência retornaram à tela. Portanto, na ausência do detector, os fótons passaram por ambas as fendas.

Eles colocaram o detector atrás da fenda B, e todos os fótons só passaram através da fenda B enquanto desenhavam pontos brilhantes na tela atrás da fenda B.

Nesse ponto, uma verdade incrível parecia evidente: os pesquisadores poderiam decidir qual fenda o fóton deveria atravessar. Se compararmos o detector a uma pessoa com super visão colocada atrás da fenda, o fóton passará pela ação de ser observado. Evidentemente, o instrumento revelador substituiu a ação de uma pessoa: o experimentador tinha o poder de observar o fóton colocando um detector a caminho e, dessa maneira, condicionou seu comportamento.

O "poder" de um observador que determina o comportamento da matéria é um dos maiores, mais incompreensíveis e contrastados mistérios da física quântica. Apesar disso, esse poder é confirmado em centenas de experimentos diferentes e ninguém mais pode questioná-lo.

É evidente que qualquer corpo material é composto de partículas, e a possibilidade de poder influenciar um inclui, potencialmente, a possibilidade de poder influenciar dez, mil, cem bilhões.

A novidade da física quântica.

No início do século XX, a ciência materialista vivenciava seu auge. Os experimentos com os quais todo o conhecimento do mundo foi examinado foram baseados na mecânica de Newton e nas equações de Maxwell do campo eletromagnético. Vivíamos na crença entusiástica de que poderíamos responder todas as perguntas. Muitos cientistas estavam convencidos de que em breve todos os mistérios do universo seriam revelados.

A euforia não durou muito. Toda ambição da ciência clássica foi reduzida pelo advento da física quântica.

Esta ciência descreve o comportamento dos sistemas físicos a partir do mundo atômico e subatômico. Funciona bem, é bem testado e está entrando em nossas casas com novas tecnologias. Em breve teremos computadores quânticos com capacidades computacionais inimagináveis. Mas não é só. Basta olhar em volta. Seus dispositivos eletrônicos, seu rádio, CD ou mp3 player, todos os eletrônicos de entretenimento, dispositivos a laser, semicondutores, nanotecnologias modernas, microeletrônica: estes são apenas alguns produtos obtidos usando princípios físicos quantum. Sem a ajuda da física quântica aplicada, nossa vida seria significativamente diferente.

Apesar disso, a física quântica continua sendo uma ciência difícil de entender, porque é capaz de se colocar em um mundo totalmente refratário à compreensão.

Seus fundamentos físicos estão extremamente distantes do senso comum e da tradição do pensamento científico. Além disso, a física quântica abre conflitos dilacerantes com a física clássica. De fato, porém, a física quântica funciona. Conseqüentemente, ainda que de má vontade, a ciência tradicional estabeleceu uma trégua e a tolera enquanto aguarda a descoberta de argumentos válidos para poder contestá-la. O mesmo aconteceu quando alguém observou que a Terra é redonda. Embora com muitas hesitações, a maioria foi forçada a admitir essa verdade, mesmo que alguém ainda continue acreditando que a Terra é plana.

O surgimento da física quântica introduziu uma transformação radical do significado das leis físicas clássicas. Essas leis, que eram determinísticas, tornaram-se probabilísticas.

Na experimentação clássica, o observador é uma figura impessoal que tem a única função de medir o fenômeno. Se observar certos protocolos, sua presença não interfere no fenômeno observado. O biólogo que testa seu sangue não afeta os valores do açúcar no sangue.

Na física quântica, o comportamento da matéria não é mais determinado pelas leis da física. O aspecto determinante na medição do evento é o observador que realiza a medição. O observador, isto é, a consciência humana, adquire uma função ativa em relação ao fenômeno, a tal ponto que pode ser considerado decisivo para a existência do próprio fenômeno.

Em uma divisão grosseira, a física clássica opera no campo da macro-matéria, isto é, da matéria agregada em formações de dimensões mais ou menos semelhantes ou maiores que as moléculas. A física quântica opera no campo de partículas elementares, cujas dimensões variam da de um átomo para baixo.

De fato, é sempre uma questão de questão, mas o comportamento nos dois casos é muito diferente. Embora a macro-matéria seja composta de micro-matéria (átomos e partículas elementares), seu comportamento obedece às regras da física clássica. Em vez disso, a micro-matéria não. As partículas elementares não respondem às regras da física clássica, mas à vontade do observador.

No momento, existem duas visões opostas na ciência sobre o papel da consciência humana. De acordo com a interpretação materialista, a consciência tem uma relação passiva com os fenômenos naturais. As leis que regulam os fenômenos naturais são dadas a priori, sempre existiram, estão inscritas na mesma matéria.

Na física quântica, de acordo com a interpretação clássica da Escola de Copenhague, a consciência é uma parte constituinte ativa das leis físicas. Essas leis não devem ser entendidas como determinadas e imutáveis, porque são o resultado de uma interação entre a consciência e o mundo.

Precisamente com referência ao papel do observador no funcionamento da matéria, o conhecido físico John Wheeler formulou outra versão do princípio antrópico, chamado "princípio antrópico participativo".

Antes de expor sua teoria, será apropriado introduzir o personagem.

John Archibald Wheeler, americano, nasceu em Jacksonville em 1911 e recebeu seu doutorado em 1933 pela Johns Hopkins University com uma tese sobre dispersão e absorção de hélio. Juntamente com Enrico Fermi e Niels Bohr, ele foi um dos pioneiros da fissão nuclear. Ele participou de Los Alamos no desenvolvimento da bomba atômica com o projeto Manhattan e, posteriormente, participou do projeto Matterhorn B na bomba de hidrogênio. Ele fez contribuições muito importantes para o estudo dos buracos negros. Entre outras coisas, ele cunhou o termo "buraco negro" em 1967. Ele foi pioneiro nos estudos de gravidade quântica.

Nos anos 50, ele colaborou com Tullio Regge em importantes estudos gerais de relatividade. De 1938 a 1976, lecionou física na Universidade de Princeton e mais tarde na Universidade do Texas em Austin. Em 1968, o Departamento de Energia dos Estados Unidos concedeu-lhe o Prêmio Enrico Fermi e, em 1997, recebeu o Prêmio Wolf Physics.

Ele teve como estudantes os mais famosos expoentes da física atual, como Richard Feynman, Hugh Everett III, Jacob Bekenstein, Kip Thorne, James Hartle, Charles Misner e outros.

Nos últimos anos de sua longa vida, Wheeler se dedicou aos aspectos fundamentais da física, tentando definir suas incertezas epistemológicas e filosóficas. Ele morreu em 2008 e está enterrado no Cemitério Fairview em Benson, Vermont. Em 1999, um asteróide (o 31555 Wheeler) foi dedicado a ele.

Não listei este currículo longo (e parcial) para aborrecer o leitor, mas para sublinhar a profundidade científica e humana do personagem. Quando Wheeler abraça a tese do universo antrópico e a completa com suas considerações participativas, ele tem os requisitos necessários a serem considerados. Aqui está uma citação de seus escritos:

"O universo deve ser de molde a permitir a criação de observatórios dentro dele, em um determinado estágio de sua existência. Observadores são necessários para a existência do universo, porque são necessários para seu conhecimento. Assim, os observadores participam ativamente da existência do universo ".

Em outra citação famosa, Wheeler afirma o seguinte:

"Na mecânica quântica, o conceito de" algo que está fora daqui ", onde o observador está a uma distância segura, separada do objeto, não é mais válido ... A medição altera o estado do elétron. Após a medição, o universo não é mais o mesmo. Para descrever o que aconteceu, precisamos excluir a palavra antiga "observador" e substituí-la pelo novo termo "participante". De certa forma, o universo é um universo participativo ".

"It from bit"

Em sua muito prolífica velhice, Wheeler formulou o "princípio antrópico participativo", uma variante do "forte princípio antrópico". Wheeler chegou à conclusão de que a informação, embora não seja material, é uma quantidade fundamental. A informação é tão importante quanto a energia e a matéria, se não mais. A prioridade ontológica da informação foi resumida em sua famosa expressão "it from bit". Essa expressão significa que qualquer realidade física deve ser delineada por uma estrutura de informação. Simplificando, podemos dizer que não há material (hardware) livre de software que contenha o projeto de construção e as instruções de uso.

Mas podemos dizer que matéria e informação, hardware e software são a mesma coisa? Anton Zeilinger, outro físico conhecido, afirma que os conceitos são distintos, mas precisamos de ambos. Devemos considerar matéria e informação juntos, coerentes e cooperantes. Se a matéria é o hardware, a informação é o software. A matéria tem corpo e forma, a informação é uma realidade psíquica. A matéria e a psique devem colaborar para o bom funcionamento do universo. A física deve se libertar de superestruturas materialistas que negam a presença e a importância de um componente psíquico no universo. Ao mesmo tempo, não pode haver visões puramente espirituais que vão além do papel determinante da matéria. Em 1992, Wheeler escreveu assim no volume 267 da *Scientific American*:

"Vivemos em uma ilha cercada por um mar de ignorância. À
medida que nossa ilha de conhecimento cresce, o perímetro
de nossa ignorância também cresce."

O aforismo "it from bit" de Wheeler implica que a física não é realmente sobre a realidade, mas apenas nossa melhor descrição do que observamos. Niels Bohr, um dos fundadores da física quântica, afirmou:

"É errado pensar que a tarefa da física é descobrir como é
a natureza. Física é sobre o que podemos entender sobre a
natureza".

Uma conseqüência clara de "It from bit" é a importância do observador: a realidade exige que ele exista. O observador não é um acessório passivo, mas faz a realidade acontecer.

Antes que uma partícula quântica seja observada, ela está simultaneamente em muitas posições diferentes. Diz-se que está em um "estado de sobreposição". Tudo o que sabemos é que existe uma probabilidade de encontrar a partícula em um desses vários locais. No entanto, quando fazemos uma medição, encontramos a partícula em uma posição precisa. Então a realidade é definida pelo observador.

Wheeler foi mais longe. Ele afirma que não há realidade além do que pode ser observado. Essa idéia pode ser considerada radical, mas não é completamente nova em filosofia. Já em 1710, o filósofo George Berkeley havia cunhado o lema *"Esse est percepi"*. (Existir significa ser percebido).

Um projeto criativo

Essa cronologia dizia respeito à criação do universo, ao advento da teoria antrópica e à afirmação do papel do observador na física quântica. Em conclusão, podemos fazer duas observações.

A primeira observação está relacionada ao princípio antrópico em todas as suas variantes. Esse princípio implica que qualquer teoria física futura deve incluir, em suas formulações, o papel do observador.

A segunda observação é que a antiga divisão entre espírito e matéria deve ser superada. O universo não pode ser composto apenas de matéria e não pode ser um universo puramente psíquico. A matéria e seu conteúdo psíquico ou informativo devem coexistir na compreensão do ser humano e nas teorias científicas.

De qualquer forma, o princípio antrópico fornece uma capacidade organizacional da matéria, psiquicamente intrínseca à matéria em si e capaz de se orientar para a construção de modelos coerentes ou mesmo inteligentes.

Mais explicitamente, o princípio antrópico, inicialmente altamente contestado, mas atualmente reabilitado e enobrecido pelos resultados da nova física quântica, pressupõe a existência de um projeto criativo do universo.

Se isso deriva de mecanismos cósmicos inteligentes atualmente incompreensíveis, ou se prefigura a existência de um designer, não é tarefa deste livro defini-lo e permanecer confiado à sensibilidade de cada leitor.

Tabela cronológica do contorno

14 bln años Big Bang

    Constantes universales

    Creando estrellas y planetas.

    Nacimiento y difusión de carbono

    4.5 años de bln Nacimiento del planeta Tierra

    65 millones de años. Extinciones masivas seleccionan mamíferos

    2-4 millones de años. La selección premia al homo sapiens

    1960 Experimento de doble hendidura.

    1973 Brandon Carter enuncia el principio antropogénico

    2000 Papel de observador.

Cronologia da "Anima mundi"

"Apenas uma é a luz do sol, mesmo que seja interrompida
por muros, montanhas e infinitos outros obstáculos.
Apenas uma é a substância universal,
mesmo que seja dividida em corpos infinitos de qualidades específicas.
Existe apenas uma alma, mesmo que seja dividida e circunscrita
em naturezas infinitas e realidades individuais infinitas.
Apenas uma é a alma inteligente,
mesmo que dê a impressão de estar dividida ".
Marco Aurélio imperador romano 121-180

Acabamos de construir o contorno do nosso quebra-cabeça e estamos procurando um dos pontos mais identificáveis pela tipicidade do design e das cores. A imagem representa um castelo e imediatamente se destaca uma torre alta com uma figura esbelta e esbelta. Destaca-se contra o fundo de um céu azul, aqui e ali é cercado por dicas de nuvens mais claras. De fato, parece ter sido construído sobre nuvens. A torre é de uma cor cinza escuro, quase como se suas paredes outrora brancas estivessem enegrecidas pelas vicissitudes da época. Novamente, os contornos cinzentos são muito bem identificáveis contra o céu azul. A torre nos fascina, é antiga e sólida, mesmo que pareça flutuar no ar. Vamos imaginar quantos eventos ocorreram ao longo dos séculos. Provavelmente contém segredos nunca revelados, suas paredes ouviram lágrimas de dor e risos de alegria, as escadas que levavam ao seu cume foram subidas e descidas por cavaleiros, menestréis, adivinhos e matadores. Certamente seus quartos estão cheios de humanidade vivida. Se ele pudesse falar, a torre nos tornaria participantes de segredos insuspeitados. Infelizmente, a única possibilidade de comunicação entre nós e a torre está no pensamento que pode nos inspirar à medida que a construímos. Se nos abandonarmos com confiança à imaginação, centenas de histórias surgirão como se fossem do nada e satisfizessem nossa curiosidade.

Como uma torre silenciosa, a sincronicidade é uma forma hermética de comunicação usada pela parte psíquica do universo para se tornar explícita à consciência dos seres inteligentes. As leis físicas tornam plausível a existência da matéria e permitem que você entenda seu comportamento. A sincronicidade revela a existência do componente psíquico inteligente intrínseco à matéria. Ao contrário do que acontece no campo da matéria, não há lei da sincronicidade, que nos permita tratar o tópico com fórmulas matemáticas. No campo da psique, o discernimento ocorre através da intuição e da experiência interior.

Este livro é inspirado na recente pandemia viral para investigar a possibilidade da existência de um vínculo sincrônico entre esse trágico evento e o objetivo final do homem. A oportunidade é muito tentadora para não tirar proveito dela. Neste capítulo, resumimos muitas das idéias que precederam a formulação de Carl Jung da teoria da sincronicidade.

"Sympathia rerum" de Girolamo Fracastoro

Uma análise do passado permite estabelecer uma ligação surpreendentemente sólida entre a situação atual e algum raciocínio científico desenvolvido pelo humanista e filósofo veronense Girolamo Fracastoro no século XVI. Ele descreveu algumas formas infecciosas que chamou de "seminaria morbi", ou seja, "disseminadoras de doenças". Qualquer leigo do tópico, à luz do conhecimento atual, pode imaginar que os "seminaria" eram uma descrição primitiva das bactérias e vírus atuais. De fato, é assim, pois, segundo Fracastoro, os "seminaria" foram responsáveis por vários tipos de infecções. Em seu trabalho de 1530, "Syphilis sive morbus gallicus" (Sífilis, ou doença francesa), ele descreve uma doença sexual infecciosa chamada sífilis. O nome se origina do mito grego do pastor Sifilo, punido pelo deus Apolo com esta doença. Ainda hoje a doença é conhecida pelo mesmo nome, mas além disso sabemos que o "seminaria" responsável é a bactéria "Treponema pallidum".

Em seu trabalho de 1546, "*De contagione et contagiose morbi et curatione libri tres*" Fracastoro argumenta que doenças contagiosas são causadas por seres vivos microscópicos e que a transmissão entre humanos ocorre através da passagem de esporos ou sementes dos doentes para os saudáveis. Numa época em que os micróbios eram desconhecidos, Fracastoro imaginou a existência de partículas invisíveis capazes de espalhar infecções rapidamente. Nesse sentido, ele pode ser considerado o fundador da epidemiologia.

Mas de onde vieram os "seminaria"? Aqui a resposta se torna menos científica e o cientista deixa espaço para o filósofo. A esse respeito, é necessário lembrar uma coleção de suas obras, publicada em 1555 em Veneza, que também inclui o texto da filosofia natural "*De sympathia et antipatia rerum*". Nas intenções do autor, este trabalho deveria ter sido publicado em conjunto com o "*De contagione*", pois acreditava que os dois textos se complementavam.

No volume "De sympathia", Fracastoro argumenta que todas as coisas no mundo estão conectadas umas às outras por uma força natural e universal. Até o homem, como componente da natureza, não escapa dessa força. É a "Sympathia" (simpatia) que cada parte sente pelo todo. O Todo retribui cada parte com a mesma "simpatia".

A intuição foi corajosa demais para a época e Fracastoro a redimensiona. Ele explica que Sympathia não deve ser entendido como uma força espiritual atraente. O senso de simpatia é físico. As relações entre as coisas são estabelecidas pelos fluxos de átomos, para que nada possa acontecer sem o contato físico. Em outras palavras, o autor afirma que há atração entre "coisas semelhantes" e repulsa entre "coisas diferentes".

Hoje a física de partículas nos ensina algo conceitualmente semelhante, mas oposto na prática. Partículas com carga igual não atraem, mas se repelem, e partículas com cargas diferentes se atraem. Em outro plano, a física quântica nos ensina que as partículas, além de atrair e repelir umas às outras, se reconhecem. Duas partículas relacionadas nunca se perdem de vista, mesmo que sejam colocadas nas duas extremidades do universo. A simpatia quântica não precisa mais de contato físico para se manifestar. O vínculo do conhecimento quântico é um "Sympathia rerum" que não requer contato. É imaterial, psíquico, "espiritual". Giordano Bruno, filósofo da natureza que apoiou a unidade de mundos e universos infinitos, introduziu em seus diálogos um personagem, Fracastorio, que representa claramente o pensamento do cientista veronense.

Coincidências significativas

A coincidência entre os estudos de Fracastoro e os eventos atuais é surpreendente, a ponto de sugerir que é muito mais do que uma simples coincidência. Quando uma coincidência se torna particularmente significativa, podemos falar em sincronicidade.

De fato, depois de cinco séculos, nos encontramos falando de uma doença que se espalha entre os seres humanos. Quando a ciência nos permite sorrir com a hipótese de que a doença se espalha por simpatia entre as coisas, a física quântica nos apresenta uma sólida teoria de tudo, segundo a qual todas as partículas do universo estão conectadas (emaranhadas) a todas as coisas. outros de maneira não física.

A conexão de todo o universo existe com certeza. Essa conexão pode ser verificada em laboratórios, mas obviamente não se limita a experimentos em que duas partículas ou mais algumas estão conectadas. Existe uma grande conexão, o que podemos chamar de "a mãe de todas as conexões", porque se desenvolveu no nascimento do universo, durante o Big Bang. Nesse momento, todas as partículas do universo nasceram juntas e, portanto, foram correlacionadas pela imensa explosão primordial

Outra coincidência está na inteligência do fenômeno. Hoje podemos dizer que o "Sympathia rerum" que une todas as coisas não é uma habilidade específica da matéria, mas uma força psíquica capaz de iniciativas inteligentes, chamada sincronicidade. A sincronicidade gera iniciativas que podem guiar o homem em direção a estágios evolutivos cada vez mais altos.

Uma curiosa anedota

A cidade de Verona queria agradecer seu ilustre cidadão Girolamo Fracastoro com uma homenagem. No centro da cidade, onde a Via Fogge deságua na Piazza dei Signori, foi erguida uma estátua que representa o cientista segurando um globo na mão. Os juízes e advogados que iam ao antigo tribunal tiveram que ir logo ali. Segundo a tradição popular, o mapa mundial de Fracastoro cairá sobre a cabeça da primeira pessoa honesta que passará por baixo da estátua. No entanto, depois de muitos séculos, a bola de pedra ainda está firme na mão do filósofo.

Vamos supor que um dia a bola de pedra realmente caia na cabeça de alguém. Poderíamos considerar esse evento como uma mera coincidência, ou poderíamos atribuir um sentido a ele, considerando-o a manifestação da profecia? A coincidência entre a passagem de uma pessoa e a queda da bola deve ser considerada um caso simples ou, de acordo com a teoria do sympathia rerum, devemos considerar os dois fatos (a passagem e a queda) conectados por uma força misteriosa?

Segundo a psicologia mais atual, a força unificadora dos dois fatos coincidentes (passagem e queda) é chamada sincronicidade. Obviamente, se todas as coisas do universo estão relacionadas à Unidade, tudo deve fazer sentido. As coisas mais diferentes e distantes devem combinar entre si de acordo com uma trama destinada a um desenho. Infelizmente, esse desenho escapa completamente da compreensão humana.

A sincronicidade pressupõe a existência de uma correspondência entre três circunstâncias muito diferentes, mas sujeitas à mesma solicitação: crença popular, um globo do mundo suspenso no topo, a passagem de uma pessoa honesta. Em um determinado momento do tempo e do espaço, essas circunstâncias geram uma sincronicidade pela qual, segundo a tradição, a bola cai e atinge "o cavalheiro" que passa por ela.

Se isso é verdade, existe uma direção, um princípio vital único que permeia todo o universo. Nesse momento específico de tempo e espaço, o princípio vital cria um microcosmo composto pelas três partes específicas que são excitadas para um episódio sincrônico. É importante enfatizar que isso ocorre no contexto de um projeto global, no tempo global e no espaço global. A queda da bola não é independente de tudo o que acontece no universo, mas compõe e completa uma trama universal.

Nesse princípio vital, a parte sensorial (a bola de pedra) e a parte extra-sensorial (crença popular) se sobrepõem à parte provável (a passagem do cavalheiro). A sobreposição do sensorial com o extra-sensorial e com o provável é a demonstração do fato de que realmente "Tudo é Um".

Se o fato realmente acontecer, e a esfera de pedra cair sobre um transeunte, talvez nunca possamos descobrir a razão pela qual essa esfera caiu exatamente quando a pessoa estava passando. No entanto, existe a possibilidade de que as falhas investigativas não se devam a uma inevitável incompreensibilidade do fenômeno. Provavelmente, não entendemos alguns fenômenos porque nossos métodos de investigação são inadequados ou partem de suposições incorretas.

Consonâncias curiosas

Vamos considerar a queda acontecendo agora. Por que a esfera de pedra esperou muitos séculos pelo momento certo em que aquele cavalheiro passou? Por que ele e não outro? De fato, podemos fazer a mesma pergunta em relação a formas persistentemente harmoniosas com o destino final de muitas pessoas.

Pode-se dizer que alguns têm "sorte" porque episódios positivos geralmente ocorrem em suas vidas. Por razões opostas, estimamos que outras pessoas sejam infelizes ou perseguidas por destino adverso. Existem vínculos sutis entre a vida das pessoas e virtudes naturais, como resiliência, tendência a adoecer, otimismo ou pessimismo.

Em outros casos, acontece que um vínculo misterioso é estabelecido entre uma pessoa e um objeto. Esse vínculo pode durar algumas horas, um determinado período ou a vida inteira.

Em seu ensaio *"Sincronicidade como um princípio de conexões casuais"*, Jung cita sua experiência pessoal relacionada aos peixes:

"Hoje é sexta-feira, 1º de abril de 1949. Almoçamos peixe. Todo mundo se lembra do uso da piada chamada "April Fool". Durante a manhã, observei uma inscrição em latim: "*Est homo totus medius piscis ab imo*". À tarde, uma paciente que eu não conhecia há meses me mostrou algumas fotos de peixe, que ela pintou recentemente. Na noite do mesmo dia, algumas pessoas me mostram um bordado representando monstros marinhos em forma de peixe. No dia 2 de abril, de madrugada, um paciente meu que eu não via há muitos anos me contou sobre um sonho em que, estando na margem de um lago, ele vê um peixe grande nadando decididamente. Então, o peixe pousa perto dos pés do narrador. Neste período, estou ocupado com pesquisas que têm como tema o símbolo histórico dos peixes. Devo admitir que essa concentração de imagens de peixes me impressionou e tinha um certo caráter "numinoso" para mim ".

Mais tarde, no mesmo texto, Jung cita um caso coletado pelo escritor Wilhelm von Scholz. O escritor quer demonstrar que, de maneira estranha, às vezes objetos perdidos ou roubados retornam às mãos de seus proprietários.

"Entre outros, lembro-me do caso de uma mãe que havia tirado uma foto do filho de quatro anos. Ela tirou a foto enquanto estava na Floresta Negra. A mulher entregou o filme fotográfico a ser desenvolvido em um laboratório de Estrasburgo. A guerra de 1914 estourou logo depois e a mulher não pôde retornar para a entrega das fotos. Em 1916, ele comprou outro filme em Frankfurt am Main para tirar uma foto de sua filha recém-nascida. Durante o desenvolvimento, o filme mostrou uma dupla exposição. A imagem existente foi a foto tirada do filho em 1914! O filme antigo não havia sido desenvolvido e foi finalizado quem sabe como está entre os novos filmes. Então o filme foi colocado novamente à venda. "

Os leitores mais velhos lembrarão que, antes do desenvolvimento da técnica digital, foram tiradas fotos com aparelhos de filme celulóide. A técnica de dupla exposição foi difundida entre os fotógrafos. Depois de fotografar um objeto, o filme foi rebobinado para impressionar outra imagem no mesmo quadro. Provavelmente após a guerra, nos momentos econômicos da época, alguém pensara em rebobinar o filme para vendê-lo como novo. Jung comenta dessa maneira o episódio do filme encontrado:

> "Von Scholz chega a uma conclusão compreensível. Na sua opinião, todas as pistas indicavam a existência de uma forma de atração entre as coisas que se relacionavam. Ele assume que os eventos são ordenados como se fossem o sonho de uma "consciência desconhecida, maior e mais ampla".

Uma história de origem indo-árabe conta um episódio ainda mais surpreendente. Obviamente, este não é um conto simples, mas uma alegoria com uma moral que muitos estudiosos tentaram interpretar. Entre eles, certamente, Heinrich Zimmer, que relatou a narrativa em seu livro *"O Rei e o Cadáver"*. Zimmer dedica seu livro "àqueles que gostam de símbolos, gostam de conversar com eles e gostam de viver, mantendo-os constantemente em mente".

De fato, este conto é a paráfrase da dificuldade da mudança. Freqüentemente, o horizonte das coisas não muda porque nós mesmos continuamos gostando demais de uma visão antiga. Assim como os prisioneiros da caverna de Platão, continuamos a gostar de conhecimento com base apenas em nossas sombras lançadas na parede. Com um pouco de esforço, poderíamos sair para ver a luz do sol, mas a transição da sombra para a luz nos assusta.

Chinelos do juiz

A fábula conta a história de Abu Kasem, um pequeno comerciante que tinha apenas uma falha, a de ser muito mesquinho. Ele gostava das poucas coisas que possuía e absolutamente não queria gastar dinheiro com outras coisas. Ele gostava particularmente de seus velhos chinelos, que ele usava desde a adolescência. Por isso, esses sapatos eram velhos, sujos, deformados, perfurados e remendados. No entanto, a idéia de substituir esses sapatos nem passou para a antecâmara do cérebro de Abu Kasem.

Um dia, Abu Kasem teve um golpe de sorte retumbante. Ele conseguiu comprar uma grande quantidade de bens valiosos por uma quantia insignificante. Eram mil frascos de cristal e um barril de essência de rosa. Ao vender essa mercadoria de varejo, ele teria ganho uma fortuna. Ele queria comemorar, mas evitou organizar um banquete com os amigos, também porque não o tinha. Ele decidiu ir ao clube mais moderno de Bagdá, o banheiro público, pelo menos uma vez. Como de costume nesses lugares, ao entrar, ele foi convidado a deixar os sapatos na entrada, e o fez. Ele tirou os chinelos fedorentos. Assim que ele entrou, a primeira coisa que os atendentes fizeram na porta foi afastar aqueles sapatos repugnantes e escondê-los da vista dos outros clientes.

Depois do banho, Abu Kasem voltou ao vestiário para se vestir, mas não encontrou mais os chinelos. Em seu lugar, havia outro par, elegante e perfumado. Ele pensou que era uma homenagem da casa, então ele os vestiu e saiu. Ele não sabia que estes eram os chinelos do juiz da cidade, que chegaram logo depois dele.

Quando o juiz saiu do banheiro, encontrou não os chinelos, mas outro par velho e remendado. Ele ficou muito zangado, reconstruiu o incidente e acusou Abu Kasem de roubar seus chinelos. Ele prendeu o infeliz comerciante e o jogou na prisão. O pobre homem teve que pagar uma grande multa para ser libertado. Por outro lado, na saída da prisão, um guardião devolveu seus chinelos velhos porque, segundo a lei, eles pertenciam a ele.

Abu Kasem, de coração partido, voltou para casa meditando sobre sua desventura. Ele percebeu que havia cometido um erro ao manter o mesmo par de chinelos velhos a vida toda. Desagradado consigo mesmo e com seus chinelos, jogou-os no rio que corria sob sua janela. No entanto, ele se consolou pensando no dinheiro que ganharia vendendo as garrafas com água de rosas.

Alguns dias depois, os pescadores levantaram as redes e notaram que um grande objeto informe tinha rasgado-as. Eles reconheceram imediatamente os chinelos de Abu Kasem, pois eram motivo de zombaria de toda a cidade para o avarento comerciante há anos. Infelizmente, as unhas de ferro usadas várias vezes para reparos arruinaram as redes. Para se vingar, eles foram à sua janela e jogaram aqueles chinelos cobertos de lama em sua casa. Infelizmente, os chinelos caíam sobre a mobília onde estavam armazenadas todas as ampolas de cristal cheias de água de rosas, preparadas para venda. Toda a mercadoria caiu no chão.

"Malditos chinelos!" Abu Kasem rosnou para si mesmo. Como ele estava determinado a se livrar deles de todas as maneiras, ele pensou em enterrá-los em seu jardim. Bem cobertos de terra, os chinelos não poderiam machucar ninguém.

O vizinho o viu cavando tanto e pensou que Kazen havia descoberto um tesouro. Naquela época, em Bagdá, todo bem precioso encontrado no subsolo pertencia ao califa. Então, ele foi ao juiz e o denunciou, porque esperava obter parte do tesouro como recompensa.

Abu Kasem foi interrogado e se defendeu dizendo que não havia encontrado nenhum tesouro, mas simplesmente enterrou os chinelos. Claro, o juiz não acreditou nele. Quem pode cavar um buraco em seu jardim para enterrar seus chinelos?

Evidentemente, ele desenterrou o tesouro e o escondeu. Então ele inventou a história dos chinelos para justificar a escavação. O juiz, que já era tendencioso, achou bem condenar Kazem a pagar uma multa semelhante ao valor do tesouro hipotético.

Abu Kasem estava cada vez mais convencido de que aqueles chinelos eram a causa de sua má sorte. Infelizmente, ele considerou esses sapatos um bem precioso e não conseguiu se livrar deles. Ele sabia da existência de um pântano localizado fora da cidade. Era um lugar isolado, com poças profundas de água podre e barrenta. Ele foi a uma dessas piscinas e jogou seus chinelos nela.

Infelizmente, por uma daquelas misteriosas vias subterrâneas pelas quais a água flui comunicando toda a parte úmida do planeta, seus chinelos acabaram no tanque que fornecia água para toda a cidade de Bagdá. O tanque estava bloqueado. Os trabalhadores encarregados do aqueduto logo descobriram a origem do problema e imediatamente entenderam que aqueles chinelos velhos pertenciam a Abu Kasem.

O pobre voltou à presença do juiz que impôs uma multa ainda mais pesada que a anterior, pois dessa vez havia prejudicado a saúde e a ordem pública. Obviamente, os chinelos lhe foram devolvidos porque eram propriedade dele e o estado não podia roubá-los.

Desesperado, o infeliz comerciante decidiu que queimaria seus chinelos, mas estes ainda estavam molhados. Então ele colocou os chinelos no telhado para secar. Um cachorro, que estava no telhado do vizinho, ficou intrigado com esses objetos estranhos, pulou no telhado de Abu Kasem, bateu nos chinelos e os jogou na cabeça de uma mulher grávida que estava andando por baixo. A mulher estava assustada a ponto de perder o filho. Seu marido mais uma vez levou Kasem ao juiz. Dessa vez, para pagar a multa, o comerciante teve que vender sua casa e todos os outros bens que possuía. Por outro lado, seus chinelos permaneceram. Quando o juiz ordenou que lhe devolvesse esses sapatos, Kazem se recusou a levá-los.

"Chega - ele disse - quero viver em paz, agora que não tenho mais nada, nem quero mais meus chinelos. Por favor, Sr. Juiz, não me responsabilize mais por qualquer dano que possa ser causado no futuro por esses chinelos que não são mais meus. "

O juiz aceitou o pedido e Abu Kasem foi libertado de seu pesadelo. Ele entendeu que deveria ter escolhido desde o início não gostar muito desses chinelos. Se o fizesse, teria evitado muitas dores e sofrimentos.

Abu Kasem é o único responsável por sua desventura. Ele se arrastou para uma situação que o aprisionou e o destruiu, por não ter aceito uma vida baseada na mudança. Sua condição é a mesma das pessoas que permanecem permanentemente ligadas aos velhos padrões, e não ouvem a voz interior que invoca a mudança. Muitas vezes, os homens estão ligados a uma visão materialista da realidade e a mantêm como Abu Kasem fez com seus chinelos. Eles são preguiçosos demais para enfrentar a alternativa de diferentes realidades. Quem não aceita a mudança vive insatisfeito e não melhora sua situação. A pessoa que imita Kasem é incapaz de crescer, impede que suas asas apareçam e é incapaz de voar acima de seus problemas.

O inconsciente coletivo

Carl Gustav Jung, nascido em Kesswil (Suíça) em 26 de julho de 1875, é o fundador da psicologia analítica. O pai de Carl, Paul Achilles Jung, era um pastor protestante. Sua mãe, Emilie Preiswerk, tinha interesses relacionados ao espiritualismo. De fato, muitos dos parentes do jovem Carl estavam envolvidos em práticas espíritas. Talvez por esse motivo ele sempre tenha tido um relacionamento conturbado com a religião e não queira seguir uma carreira eclesiástica de acordo com os desejos de seu pai.

Seu interesse pelos fenômenos ocultos nunca diminuiu no caminho científico de sua vida, desde que sua tese para a graduação em medicina foi dedicada à "Psicologia e patologia dos chamados fenômenos ocultos". Jung nunca desistiu das questões de religião, magia e ocultismo em geral, mas sempre fazia isso de uma perspectiva profissional. Seu objetivo, como psicólogo, era sempre colocar na consciência humana a origem de todos os fenômenos que normalmente eram atribuídos a "forças externas", naturais, mágicas ou divinas.

Com esse objetivo, Jung construiu a grande arquitetura lógica que contempla a existência de um "inconsciente coletivo". Esse espaço psíquico não está separado da consciência do indivíduo, mas constitui um apêndice global. O inconsciente coletivo é a soma das consciências e experiências vividas por toda a humanidade. É uma fonte da qual os estímulos psíquicos vêm direcionados à consciência do homem. Freqüentemente, essas solicitações se materializam na forma de coincidências estranhas e incomuns. Jung dedicou pelo menos metade de sua vida ao estudo dessas coincidências, desenvolvendo o segundo lintel de sua psicologia, a teoria da sincronicidade.

Diatribe entre Jung e Freud

Há uma enorme diferença entre as visões freudiana e junguiana sobre o papel do inconsciente na vida psicológica dos indivíduos.

Segundo Freud, o inconsciente é uma espécie de armazém vazio ao nascer, que se enche gradualmente com os resíduos, compostos de todas as experiências psíquicas consideradas inúteis. Assim, segundo Freud, o inconsciente pode conter falhas, experiências negativas, lembranças que não são mais úteis e aquelas que a psique deseja apagar porque os julga vergonhosos. Freud tem uma visão material e utilitária do inconsciente.

Pelo contrário, a concepção de Jung é muito espiritual e positivamente construtiva. O inconsciente de Jung não é um depósito cinza do passado, mas está cheio de possibilidades férteis e frutíferas desde o nascimento do indivíduo. Está chcio de sementes inchadas de seiva e está pronto para germinar, gerando uma primavera cheia de vida e habilidades criativas. O inconsciente de Jung contém estruturas mentais que não estão ligadas ao passado, mas orientadas para o futuro.

Inicialmente, o jovem Jung seguiu os ensinamentos de Freud, mas ele rapidamente se destacou deles. Mais do que algumas vezes houve conversas de incompreensão entre os dois. Em 1909, provavelmente o encontro decisivo para a separação de suas ruas. Jung relata o episódio em seu livro "Memórias, sonhos, reflexões".

> "Eu estava interessado em ouvir a opinião de Freud sobre pré-reconhecimento e parapsicologia em geral. Quando o visitei em Viena em 1909, perguntei o que ele pensava disso. Por causa de seus preconceitos materialistas, Freud rejeitou todos esses problemas como absurdos. Ele fez isso de acordo com um positivismo muito superficial, então eu apenas me abstive de responder severamente.
>
> Quando Freud expôs seus argumentos, senti uma sensação estranha. Era como se meu diafragma fosse de ferro e tivesse

ficado vermelho, como um cofre incandescente. Naquele momento, houve um grande acidente na biblioteca, que estava bem ao nosso lado. Nós dois ficamos com medo, com medo de que a livraria caísse sobre nós. Eu disse a Freud:

"Aqui, este é um exemplo do chamado fenômeno de exteriorização catalítica".

"Vamos - disse Freud - isso é um verdadeiro absurdo!"

"Mas não", respondi, "você está errado, Herr Professor. Como evidência, eu prego para você que haverá outra explosão em breve! "

Na verdade, eu não terminei de falar que outro acidente como o primeiro foi ouvido na biblioteca!

Ainda hoje não sei o que essa certeza me deu. Mas eu sabia, sem sombra de dúvida, que o golpe se repetiria. Freud olhou para mim espantado, sem dizer nada. "

Obviamente, Freud ficou impressionado, mas isso não foi suficiente para fazê-lo mudar de idéia sobre as teses propostas por aquele jovem quase desconhecido. O episódio provavelmente não teve muita influência na vida de Freud. No entanto, ele o teve na vida de Jung, que decidiu romper definitivamente com as teorias de Freud para elaborar livremente aquelas, opostas, com as quais ele estava convencido.

Não foi até anos depois, em 1912, que Jung publicou o trabalho que se referia pela primeira vez à sua teoria do inconsciente coletivo. O livro foi "Wandlungen und Symbole der Libido" (transformações e símbolos da libido).

O edifício psíquico de Jung

No livro *Transformações e Símbolos*, Jung conta um sonho feito em 1909, antes de terminar com Freud. De fato, ele propôs, mas Freud deu uma interpretação que Jung não compartilhou.

"Eu estava em uma casa de dois andares, que eu não conhecia, mas essa era" minha casa ". Eu estava no andar superior, onde havia uma espécie de sala de estar mobilada com belos móveis antigos de estilo rococó. Antigas pinturas valiosas estavam penduradas nas paredes. Fiquei surpreso que essa fosse minha casa e pensei: "Não é ruim!"

Naquele momento, ocorreu-me visitar o andar inferior. Desci as escadas para o térreo. Todo o ambiente era muito mais antigo, e eu entendi que essa parte da casa era do século XV ou XVI. A decoração era medieval e os pisos eram de tijolo vermelho. Tudo estava bem escuro. Eu fui de sala em sala pensando: "Eu tenho que explorar a casa inteira!". Cheguei na frente de uma porta pesada e a abri. Vi uma escada de pedra que levava à adega. Desci e me encontrei dentro um quarto com um belo teto abobadado, excepcionalmente antigo.

Examinando as paredes, notei, no meio dos blocos de pedra comuns, camadas de tijolos e fragmentos de tijolos contidos na argamassa. Disto entendi que os muros remontam ao tempo dos romanos. Eu estava mais interessado do que nunca. Examinei o chão feito de lajes de pedra. Em uma dessas lajes, notei um anel, puxei o anel e a laje de pedra foi levantada. Abaixo havia outra escada de degraus de pedra, que levava às profundezas. Desci esses degraus e entrei em uma caverna baixa esculpida na rocha. Uma espessa camada de poeira cobria o chão da caverna. Ossos e fragmentos estavam espalhados no pó, como se fossem os restos de uma civilização primitiva. Descobri dois crânios humanos de uma época remota e meia destruída. Nesse ponto, o sonho terminou ".

Jung teve esse sonho quando se separou criticamente das teorias de Freud, mas ele ainda estava sob sua influência. Então ele contou o sonho a Freud, mas Freud não entendeu o significado profundo. Freud identificou algum possível conflito interno entre Jung e seus parentes nos dois crânios.

Essa interpretação ajudou a esfriar ainda mais a relação entre os dois psicólogos. Posteriormente, Jung desenvolveu de forma independente o que ele acreditava ser a interpretação correta:

"Compreendi claramente que a casa representava uma espécie de imagem da psique, isto é, da condição em que estava minha consciência naquela época. A consciência era representada pela sala de estar, que possuía uma atmosfera de lugar habitado, apesar do estilo do passado.

Meu verdadeiro inconsciente começou na área do térreo. Quanto mais eu descia, mais meu inconsciente se tornava estranho e escuro. Na caverna, eu havia descoberto os restos de uma civilização primitiva, isto é, a parte do homem primitivo presente em mim. Esta área primitiva é um mundo que pode ser alcançado ou iluminado pela consciência com grande dificuldade. A psique primitiva do homem limita-se à vida da alma animal, assim como as cavernas dos tempos pré-históricos eram habitadas por animais antes que os homens as usassem ".

O sonho da casa de vários andares se tornou uma imagem norteadora para Jung. Ele sentiu uma conexão entre a parte mais inconsciente do indivíduo e os símbolos mitológicos que pontilhavam sua existência.

"O sonho da casa teve um efeito particular: despertou meu interesse em arqueologia. Quando voltei a Zurique, imediatamente peguei um livro sobre as escavações da Babilônia e li vários trabalhos sobre os mitos ... Enquanto estava tão ocupado, não pude deixar de descobrir a estreita afinidade entre a mitologia antiga e a psicologia primitiva. Dediquei-me a um intenso estudo dessa psicologia ".

No entanto, Jung desenvolveu a crença definitiva da existência de uma estreita relação entre o inconsciente profundo do homem e os mitos ancestrais em 1906. Um evento aparentemente incompreensível aconteceu. Jung decifrou aleatoriamente o fato quatro anos depois. O psicólogo relata o episódio em seu livro "*O conceito de inconsciente coletivo*".

"Por volta de 1906, me deparei com uma ilusão muito estranha, presente em um esquizofrênico paranóico. Este paciente esteve internado por muitos anos porque sofria muito jovem e era incurável. Essa pessoa estudou em uma escola estadual e foi contratada como funcionária de escritório. Ele não tinha nenhuma inclinação particular para a mitologia ou arqueologia. Eu mesmo, naquela época, não sabia nada sobre esses assuntos.

Um dia encontrei o paciente perto da janela: ele meneou a cabeça e piscou para o sol. O homem me convidou para fazer a mesma coisa, porque eu teria visto algo muito interessante. Não vi nada de interessante. O homem ficou surpreso por não ter visto nada e insistiu: "Certamente você vê o pênis do sol ... quando movo minha cabeça para a direita e para a esquerda, ela também se move. O vento vem deste movimento".

Claro, eu não entendi essa idéia estranha, mas tomei nota. Cerca de quatro anos depois, no curso de meus estudos mitológicos, me deparei com um livro de Albrecht Dieterich, o conhecido filólogo. Aquele livro lançou luz sobre a estranha fantasia daquele homem.

A obra, publicada em 1910, trata de um papiro grego da Biblioteca Nacional de Paris. Dieterich acreditava ter descoberto um ritual mitrático em parte do texto. O texto é, sem dúvida, uma receita religiosa relativa à implementação de certos feitiços nos quais Mithra é nomeado. As seguintes indicações são lidas no texto:

"Inspire pelos raios, inspire três vezes o máximo que puder, e você se sentirá levantado e andará para cima e sentirá como se estivesse no meio da região aérea.

O caminho dos deuses visíveis aparecerá através do disco do sol, que é Deus meu pai. Da mesma forma, o chamado tubo, a origem do vento misericordioso. Portanto, você verá algo como um tubo pendurado no disco do sol. E isso em direção às regiões do oeste, infinito como um vento soprando do leste ... "

Agora, é absolutamente impossível que o paciente tenha conhecimento de um papiro grego publicado quatro anos depois".

Mais tarde, Jung ficou convencido de que na psique pessoal existe uma forma primordial e herdada de consciência, que ele chamou de "inconsciente coletivo". Esse inconsciente, comum a toda a humanidade, era o recipiente de representações simbólicas comuns a todos os povos e culturas. Jung chamou essas representações de "arquétipos". Jung considerou o episódio narrado como a primeira evidência de uma estreita relação entre os arquétipos que se materializam na mente humana e os símbolos das mitologias antigas.

As citações dos dois últimos capítulos são extraídas de "*Memórias, sonhos, reflexões coletadas e editadas por Aniela Jaffè*" e de outras publicações de Carl Jung.

Os níveis de consciência

Todos os eventos narrados no capítulo anterior convenceram Jung a identificar pelo menos três níveis na psique do homem.

O primeiro nível é o da consciência individual. Ele contém a capacidade do homem de refletir sobre si mesmo e atribuir significado às suas ações, de estar ciente de seu papel e de suas responsabilidades. O próprio Jung tem alguma dificuldade em definir o que é consciência, mas distingue-a claramente dos instintos. Ele nega veementemente que a consciência possa ser considerada como a soma dos instintos animais. Ele admite que o estudioso só pode contemplar com profunda admiração, com a mais profunda maravilha e temer as profundezas e picos da natureza psíquica. Define a consciência como "um olho que acolhe os espaços mais distantes dentro de si". Certamente, a consciência é aquela parte da psique humana da qual o homem conhece melhor o conteúdo. Está cheio de valores e sensações conhecidos.

O segundo nível é o do inconsciente individual. Como a consciência, esse nível pertence a cada indivíduo e contém muitos materiais para os quais não há mais lugar na consciência, tanto porque eles perderam o interesse ou a relevância, quanto porque a consciência os removeu como desagradáveis ou incompatíveis. Mas, como já mencionado, o inconsciente pessoal é a porta de acesso através da qual o homem acessa o inconsciente coletivo e todas as formas arquetípicas nele contidas.

O terceiro nível é o do inconsciente coletivo. Segundo Jung, experiências relacionadas ao nascimento e infância podem emergir do inconsciente individual, como é compreensível. No entanto, é normal encontrar no inconsciente individual também experiências filogenéticas, que remontam às ramificações da evolução até os estados mais primitivos da humanidade inteligente. Essas experiências não estão relacionadas à individualidade, mas, de maneira mais geral, ao pertencimento à raça humana. São experiências que emergem de um passado coletivo e entram em um relacionamento com o presente pessoal.

O inconsciente coletivo é a soma homogênea de imagens primordiais. Essas imagens, que Jung chama de arquétipos, podem ser consideradas bens hereditários porque contêm a experiência emocional da humanidade e a tornam utilizável. Eles fazem parte do "arquivo" que contém a elaboração padrão de entendimento, atitudes e maneiras de reagir típicas da espécie humana desde o início.

Acontece que o conteúdo de alguns sonhos não pode ser explicado como se fosse um retrabalho de memórias, porque não são baseadas em memórias, são um material psíquico novo, desconhecido e original. Segundo Jung, esse material vem do inconsciente coletivo. Muitas vezes, nos sonhos, aparecem imagens que contêm significados arquetípicos. Estes são símbolos arcaicos que pertencem a toda a humanidade. Existem sonhos comuns a todos os tempos e culturas, como a sensação de cair no abismo ou de ser perseguido por um lobo. Outros sonhos comuns a todos contam o encontro com os mortos ou com animais simbólicos.

Segundo Jung, os animais nos sonhos são símbolos e expressões do caminho existencial que guia o homem a se transformar em sua essência real, ou seja, ele o guia no processo de se identificar. O cavalo, a aranha, o crocodilo, o gato ou a borboleta nos sonhos representam símbolos arquetípicos com significados precisos na psicologia junguiana.

Como o inconsciente individual de cada um está ligado ao inconsciente coletivo comum a todos, segue-se que todos os seres humanos fazem parte de uma única entidade psíquica coletiva, na qual as trocas de material psíquico são possíveis e comuns.

Nesse sentido, intuições, idéias repentinas, premonições, pressupostos e todos os fenômenos chamados paranormais são formas usadas pelo inconsciente coletivo para se manifestar.

Visão holística

Na realidade do inconsciente coletivo, cada um possui e compartilha conteúdos psíquicos que não pertencem apenas à sua própria biografia, mas provêm de seus parentes, dos ascendentes, da comunidade, do grupo étnico ao qual pertencem e de toda a humanidade. Portanto, o inconsciente coletivo transcende a dimensão individual e se torna o quadro holístico de todo evento psicológico

A chamada visão holística refere-se à psicologia da Gestalt, segundo a qual o todo é outra coisa comparada à soma das partes individuais: não é quantitativamente maior ou melhor qualitativamente, é simplesmente outra coisa.

Rodas não são bicicletas. O guidão não é a bicicleta. Pedais não são a bicicleta. Na lógica booleana, a soma de três "não" não pode dar um "sim". Na lógica holística, isso pode acontecer. A soma das três partes não é equivalente a "rodas" + "guidão" + "pedais", mas é equivalente a um novo conceito, "bicicleta".

Um exemplo típico de uma estrutura muito holística pode ser o organismo biológico. Todo ser vivo, em sua corporeidade, deve ser considerado como uma unidade complexa e não pode ser reduzida a uma simples montagem das partes que o constituem.

Qualquer intervenção, por exemplo, um tratamento médico, deve levar em conta o complexo de partes. Isso não acontece em uma máquina, onde, em caso de problemas, é suficiente substituir a peça única de acordo com uma abordagem determinística: o objeto não funciona porque a engrenagem está quebrada, substituí-la e ela começará a funcionar novamente.

No organismo biológico, um princípio superior deve ser levado em consideração. O "todo" inclui algo mais, a "vida", que não é a soma dos órgãos que compõem o corpo. Portanto, é necessária uma abordagem holística.

Na psicologia inconsciente coletiva, é necessário usar uma abordagem holística. Consciência, inconsciente coletivo e inconsciente individual não são a soma de três aspectos da psique, mas constituem "algo mais" que é expresso em um campo de ação mais amplo.

A estrutura psíquica holística não se limita às partes individuais que a compõem, mas vai além das partes e gera situações inesperadas. Nesse contexto holístico, pode ser normal que o que acontece com o indivíduo também possa acontecer com os outros. Do mesmo modo, é possível que o que acontece dentro de si também possa acontecer fora de si. O pensamento pode gerar ação. Jung afirma que

> "... não se pode dizer com certeza que o que parece ocorrer no inconsciente coletivo de um único indivíduo também não ocorre em outros indivíduos".

Essa afirmação é o prelúdio da teoria da sincronicidade, onde eventos incompreensíveis podem afetar pessoas, lugares e até objetos diferentes, em um relacionamento que não está apenas ligado ao momento em que os fatos acontecem, mas também ao sentido que eles adquirem para uma pessoa. .

Sobre fatos incompreensíveis

No outono de 1937, o operador ecológico Joseph Figlock estava trabalhando perto da Avenida Hanckok, em Detroit, quando ocorreu um evento extraordinário. Algo maciço caiu do céu em sua direção. Instintivamente, Joseph agarrou "a coisa", salvando-a do impacto no chão e caiu no chão. Sua surpresa foi imensa quando ele percebeu que a "coisa" que ele havia agarrado era uma menina de quatro anos. Os transeuntes que correram imediatamente para encontrar a pequena salva em seus braços. Infelizmente, Joseph ficou ferido, mas não seriamente. Ele teve alguns ferimentos na cabeça e um ombro torcido.

A garota havia caído do quarto andar do prédio e certamente teria morrido se Joseph não a tivesse protegido da calçada.

Outono de 1938. Passado um ano desde o acidente, Joseph Figlock retomou seu trabalho. A cena se repete, mas desta vez as crônicas são mais detalhadas. Joseph está trabalhando na 77 E. Canfield Avenue. Inexplicavelmente, seu olhar é atraído para cima e ele percebe que a história está se repetindo. Desta vez, é uma criança que está caindo. O garoto se chama David Thomas e tem dois anos de idade. Ele também cai de uma janela do quarto andar. O varredor de rua lança e consegue agarrá-lo antes de atingir o chão. O bebê terá poucos machucados, Joseph permanecerá ileso.

O fato é confirmado e amplamente divulgado, juntamente com uma foto grande de Joseph, na edição da "*Detroit Free Press*" no dia seguinte, quarta-feira, 28 de setembro de 1938. Além disso, a história foi contada por outros jornais locais. Entre outras coisas, apareceu na "Time Magazine" de 17 de outubro de 1938.

A psique da humanidade

Podemos dizer que a humanidade como um todo também possui uma estrutura psíquica e essa estrutura é o inconsciente coletivo.

Diferentes camadas do inconsciente coletivo ligadas à evolução humana podem ser consideradas. A camada inferior está ligada às raízes arcaicas, ao passado mais profundo da humanidade. A camada intermediária é composta pelos valores socioculturais típicos da era evolutiva que estamos vivendo, ou seja, o período da era do metal até os dias atuais. A camada superior contém o potencial, os desenvolvimentos futuros para os quais a humanidade tende. Essa camada afeta nosso tempo futuro? A física einsteiniana ensina que o conceito de tempo é inteiramente relativo, e a física quântica ensina que o conceito de tempo é funcional apenas para a nossa compreensão do mundo, mas é um predicado supérfluo na arquitetura quântica da matéria. Portanto, provavelmente não estamos falando sobre o "futuro" como o entendemos, mas sobre algo que sempre esteve aqui, mesmo que não nos seja dado a vê-lo.

A dimensão psicóide

Eu descrevi anteriormente o caso, citado por Jung, da mãe que encontrou depois de muitos anos o mesmo filme fotográfico no qual a imagem do filho foi impressa. Existem infinitos casos em que o afeto psíquico de uma pessoa por um objeto foi capaz de estabelecer um vínculo que excedeu o tempo e o espaço. É como se a pessoa e o objeto tivessem mantido, mesmo na separação, um vínculo psíquico que levou à sua reunificação.

Nós mesmos experimentamos rotineiramente essas situações. Acontece quando perdemos um pequeno objeto que, apesar de repetidas pesquisas, não conseguimos mais encontrar. O comentário mais clássico é "Paciência, mais cedo ou mais tarde reaparecerá". De fato, mais cedo ou mais tarde o objeto reaparece. Depois de alguns dias, ou às vezes meses, o objeto reaparece exatamente onde procurávamos há muito tempo. Então nos perguntamos como era possível que ele sempre estivesse lá sem que nós o víssemos. Ou, o objeto aparece do fundo de uma gaveta, onde estamos convencidos de que nunca o colocamos.

Existem casos bem conhecidos relacionados à reunião de livros com proprietários. Muitas vezes, os livros são objetos particularmente amados, porque nos lembram momentos mais ou menos felizes da vida passada.

Anna Parish era escritora de livros infantis, nascida em Colorado Springs nos EUA e viveu entre os séculos XIX e XX. Na época, ele ocupou repetidamente os primeiros lugares no ranking de vendas. Seus sucessos mais conhecidos foram *"The Dream Coach"*, *"Floating Island"*, *"The Story of Appleby Capple"*.

Quando jovem, ela estudou em uma escola de pintura na Filadélfia, mas depois escolheu uma carreira como escritora. Provavelmente, seu amor pelo gênero literário dedicado às crianças nasceu de suas leituras. Ela era apaixonada pelas aventuras de Jack Frost, protagonista de uma longa série de sucesso. Jack Frost é um dos Guardiões que jurou proteger as esperanças, desejos e sonhos das crianças ao longo de suas vidas. De certa forma, pode se lembrar das aventuras modernas de Harry Potter. Um livro afetara particularmente sua sensibilidade quando criança. Ele leu e releu várias vezes até aprender quase de cor. Era "*Jack Frost and other stories*".

Então, como acontece na vida, uma série de eventos, incluindo duas guerras mundiais, separou a garota do livro. Nos anos 50, Anne Parish, já famosa, veio de férias para a Europa e visitou Paris. Vagando pelo mercado, ele notou um livro que conhecia muito bem em uma barraca: "*Jack Frost and other stories*". A capa correspondia à edição que lhe fora tão querida quando criança. Instintivamente, pegou o livro no balcão e o mostrou ao marido, explicando que era o livro favorito de sua infância e adolescência.

Seu marido começou a folheá-lo distraidamente até que, na aba da capa, ele viu uma inscrição escrita em caneta com uma bela caligrafia: "*Anne Parish, 209 N. Weber Street, Colorado Springs*".

Esse foi exatamente o livro original de Anne, perdido décadas antes nos Estados Unidos, que agora ressurgia em Paris nas mãos de seu antigo dono!

Certamente esse livro sempre esteve nos pensamentos de seu dono, mas talvez o livro também tivesse retido o calor de suas mãos, o desejo de conhecimento que brilhava em seus olhos e o cuidado com o qual ele havia sido tratado. Certamente o livro, em uma dimensão super-psíquica, também desejava se reunir com a jovem que o amava.

É um conceito absurdo ou é um conceito possível?

Certamente é absurdo na dimensão de nossas vidas diárias, mas torna-se possível na dimensão apropriada por Jung, a dimensão psicóide.

Unidade de psique e matéria

O conceito de "psicóide", muito querido por Jung, foi desenvolvido pela primeira vez por outro psiquiatra suíço, Eugen Bleuler.

Além do "psicóide", Bleuler cunhou vários termos ainda hoje em uso na psicologia, como "psicologia profunda" e "esquizofrenia". Ele colaborou por muito tempo com Freud, mas depois deixou de colaborar, porque reconheceu elementos de dogmatismo em suas posições e não concordou com algumas de suas opiniões. O distanciamento definitivo de Freud ocorreu em 1913, quando Bleuler tornou públicas suas críticas no artigo "*Kritik der Freudischen Theorien*". (Crítica das teorias de Freud).

Bleuer concebeu um evolucionismo finalista ligado à psicologia biológica, ramo da neurociência que estuda o comportamento, ou seja, as atividades físicas associadas aos processos mentais. Segundo Bleuler, existe um fator unitário e estruturador, o "psicóide", subjacente à complexidade dos processos vitais e que constitui seu princípio unitário.

Jung conhecia Bleuler muito bem porque ele era o poderoso diretor do "Burghölzli", o Hospital Psiquiátrico da Universidade de Zurique, no qual Jung, um jovem médico no começo, começou a trabalhar. Lembrou-se com carinho de sua primeira reunião com o diretor, realizada na sala de espera. Bleuler deu-lhe as boas-vindas com palavras de boas-vindas e, apesar dos persistentes protestos de Jung, pegou sua mala da mão e o acompanhou até a sala que lhe fora atribuída.

Por esses traços humanos típicos de Bleuer, Jung o considerava muito estimado e não deixou de estudar cuidadosamente todas as suas obras.

Bleuer não deu mais detalhes sobre o tema psicóide, apesar de tê-lo tratado em seu livro "*O psicóide como princípio do desenvolvimento orgânico*". No entanto, o conceito foi adotado e "criado por si" por Jung. O criador da teoria da sincronicidade introduziu completamente o conceito de psicóide em sua construção psicológica. De fato, é difícil imaginar sincronicidade fora de uma realidade psico. De fato, Jung diz que "*a sincronicidade implica um sincronismo absoluto entre eventos psíquicos e físicos*". Esta é uma descrição perfeita do que é a realidade psicóide: é a condição unitária da psique e da matéria.

Na dimensão psicóide, não há distinção entre físico e mental. As imagens são tão reais quanto os objetos que representam e os pensamentos são tão reais quanto os tópicos pensados. Obviamente, isso contrasta com a nossa compreensão sensorial do mundo. Na dimensão psicóide, não há mais distinção entre a coisa do pensamento, presente apenas na mente, e a coisa concreta e palpável realizada. Não há distinção entre uma história imaginada e uma história que aconteceu. Na prática, não há diferença entre imaginação e "realidade" no sentido que normalmente damos a esse termo.

Na sua vasta literatura, Jung cita muitos casos em que a "realidade psicóide" se encaixa perfeitamente em sua construção psicológica.

O primeiro e mais famoso exemplo é o do besouro. Em seu ensaio "*Sincronicidade como um princípio de conexões aleatórias*" publicado em 1952, Jung descreve o evento da seguinte forma:

"Uma paciente minha teve um sonho, em um momento decisivo da cura. No sonho, a jovem recebeu um besouro de ouro como presente. Enquanto me contava esse sonho, eu estava sentado de costas para a janela fechada. De repente, ouvi um barulho atrás de mim, como se algo batesse suavemente contra a janela. Eu me virei e vi um inseto alado que atingiu a janela por fora. Abri a janela e peguei o inseto. Era o inseto mais parecido com um besouro dourado que posso encontrar em nossas latitudes. O inseto era um escaravelídeo, uma "Cetonia aurata", o besouro comum que vive nas rosas.

Evidentemente, naquele momento, o inseto, ao contrário de seus hábitos, tentara entrar em um quarto escuro. Devo acrescentar que esse caso nunca aconteceu comigo antes e nunca aconteceu comigo depois. "

A seguir, Jung explica o evento em termos psicoterapêuticos e ilustra como o episódio se mostrou eficaz para a recuperação da menina. De fato, o besouro é um símbolo clássico do renascimento. Em uma ocasião diferente, isto é, em uma carta escrita em 1945 e endereçada ao prof. J.B. Rhine, de Durham, EUA, Jung descreve um episódio semelhante:

"Vou passear na floresta com uma mulher, minha paciente. Ela me conta sobre o primeiro sonho de sua vida, um sonho que deixou uma impressão indelével nela. Ela viu uma raposa, a viu descer as escadas da casa dos pais. Nesse momento, a menos de quarenta metros de nós, uma raposa emerge das árvores e por alguns minutos corre silenciosamente no caminho à nossa frente. O animal se comporta como se compartilhasse nossa condição humana ... "

Devemos nos perguntar: será que Cetonia aurata estava ali, pronta para bater no vidro da janela quando a garota falou do besouro visto em um sonho?

E a raposa estava ali, pronta para emergir na frente dos dois que estavam andando enquanto a paciente contava seu sonho?

A história dos dois sonhos gerou duas sincronicidades que mudaram a realidade física dos pacientes e do próprio Jung. Eles certamente vivenciaram momentos de pathos, profundamente imersos na narrativa reforçada pelo verdadeiro sofrimento psíquico dos pacientes. Essa situação, em ambos os casos, gerou uma tensão capaz de gerar sincronicidade.

Quanto ao fato de que, se a raposa e Cetonia realmente estivessem lá, seria difícil estabelecê-la, pois é difícil investigar qualquer manifestação psicóide ou sincrônica. Talvez em ambos os casos, a sincronicidade tivesse o poder de mover a cena para um universo diferente, um dos infinitos possíveis, em que a raposa e Cetonia estavam realmente presentes. Ou, cetonia e a raposa se materializaram como o livro de Anna Parish ou nossas chaves encontradas onde nunca teríamos imaginado.

O conceito de psicóide se aplica à não-diversidade entre a psique e a matéria, entre pensamentos e fatos, a fim de tornar possíveis eventos como os narrados.

Mas uma situação psicóide também pode ser vista entre as sensações conscientes do presente e do inconsciente, onde o futuro já está presente. Uma força semelhante a uma atração psíquica inconsciente pode estabelecer um plano psicóide no qual o passado e o futuro se fundem para formar o mesmo elemento indistinto de uma existência manifestada ontem, hoje, amanhã, aqui e em qualquer lugar.

A escritora e exegeta de Jung, Aniela Jaffé, conta a trágica história de um menino. O jovem costumava brincar com um amigo no campo perto de sua casa. Respeitando as recomendações dos pais, os dois mantiveram-se afastados de um poço raso, mas um dia, após uma corrida, pararam na beira do poço para respirar. O olhar de nosso jovem amigo caiu na água parada, que refletia sua imagem como um espelho. Vendo-se refletido na água, foi levado por uma forte perturbação. Por um momento, sentiu-se levado para outro mundo: não viu mais o amigo nem a paisagem circundante. Ele estava terrivelmente sozinho e terrivelmente atraído por sua imagem na água. Ele se recuperou. Ele não disse nada, mas não conseguiu apagar o momento em que sua consciência e uma força atraente e misteriosa se fundiram, como se toda a sua vida tivesse sido resumida naquele breve flash. Nos anos seguintes, ele sempre tentou se afastar daquele poço, mas um trágico "sympathia rerum" uniu sua consciência com a água. De fato, depois de alguns anos, o jovem perdeu a vida afogando-se naquele poço.

Essa história lembra muito o destino de Narciso, um personagem trágico da mitologia. Filho da ninfa Liriope e do deus do rio Cefiso, Narciso era um jovem caçador. Quando ele completou dezesseis anos, era tão bonito que todos que ele conheceu se apaixonaram por ele. Mas Narciso rejeitou todos. Um dia, enquanto ele estava caçando, a ninfa Eco o seguiu pela floresta, porque ela estava ansiosa para falar com ele. Infelizmente, Eco teve um desentendimento com Juno que, portanto, infligiu um castigo estranho: ela nunca conseguia iniciar um discurso, mas sempre tinha que repetir as últimas palavras que ouvia. Portanto, sabendo que não pode estabelecer um diálogo com Narciso, a bela Eco adotou uma estratégia diferente. Assim que ela conseguiu se aproximar de Narciso, a ninfa agiu concretamente e o abraçou sem pronunciar nenhuma palavra. Narciso, no entanto, a afastou gravemente. A pobre menina ficou tão decepcionada que se retirou para a solidão e começou a passear pelos vales solitários chorando. Ela chorou até que apenas a voz permanecesse.

A deusa Nemesis, sentindo compaixão por Eco, decidiu punir Narciso. Quando o jovem, sedento após uma caçada, inclinou-se sobre uma piscina de água para beber, Nemesi fez questão de que Narciso pudesse ver sua imagem refletida na água. Como foi o caso de todos, assim que Narciso viu sua imagem pela primeira vez, ele se apaixonou profundamente por ela. Mas logo ele percebeu que seu amor nunca seria correspondido porque aquele jovem era ele mesmo. Desesperado, ele continuou sofrendo a vida toda por esse amor impossível. Finalmente, Narciso acabou afogado na mesma piscina de água.

Nemesis é um nome que lembra o destino. Foi realmente o destino determinar essa conclusão trágica? Se a história tivesse sido algo particular na vida de Narciso, ou seja, algo que apenas interessasse a ele e sua imagem, poderíamos falar sobre seu destino.

Numa visão psicóide, onde tudo está conectado com tudo, não pode haver destino pessoal. Primeiro de tudo, a história de Narciso, apesar de ser um mito, no plano psicóide é absolutamente real. Sabemos que existem várias versões mitológicas da história de Narciso e, no nível psicóide, todas são igualmente verdadeiras. Além disso, todas essas histórias fazem parte de um plano psicóide que inclui não apenas sua história, mas todas as histórias do universo. Portanto, não há destino pessoal para Narciso, assim como não havia destino pessoal para o garoto que se afogou no poço do qual se sentiu atraído quando criança.

Existe uma realidade psicóide geral, que contém todas as realidades. Nesse sentido, as histórias individuais não existem como tal, mas como partes de um todo e seus significados não estão mais relacionados às próprias histórias, mas à totalidade das histórias.

Evidentemente, mesmo uma pandemia não constitui uma história por si só, um episódio que acidentalmente se encaixa na história humana. Qualquer evento trágico ou feliz, como o início de uma guerra, um terremoto, o nascimento de uma nova civilização ou uma descoberta científica revolucionária, faz parte de um tecido já esticado em uma dimensão que chamamos de "tempo" e "espaço". ", Mas o tempo e o espaço não existem.

São declarações surpreendentes? Nem tanto. A física quântica, isto é, a física da intimidade da matéria, confirma a realidade psicóide quando diz que "as coisas" não existem como tais, mas como fantasmas errantes entre uma multiplicidade de estados nos quais é provável que existam.

A física quântica forneceu evidências de que a matéria pode existir simultaneamente, tanto na forma corpuscular como na onda. Isso tem conseqüências incríveis que serão examinadas nos próximos capítulos. Podemos antecipar um conceito básico de física quântica. De fato, a partícula e a onda são simultaneamente algo que, por um lado, é sólido e bem definido, por outro, é imaterial, "disperso em uma nuvem probabilística".

Jung aprende essas informações científicas, porque são noções que lhe são apresentadas por seu amigo, o físico Wolfgang Pauli. Isso é suficiente para encorajá-lo a consolidar um dos principais pressupostos da psicologia analítica. A física, com a teoria do Big Bang, sustenta que nos primeiros momentos da criação, matéria e energia eram indistintas. Da mesma forma, Jung afirma que, nas camadas mais profundas, a substância do ser é indistintamente física e psíquica.

Arquétipos

A palavra arquétipo deriva do grego e une o termo "*arché*", que se refere ao conceito de "começo", ao termo "typos", que se refere ao conceito de "modelo, marca". Este termo é usado em muitos contextos e, no contexto filosófico, indica a forma primordial de um pensamento.

No contexto da psicologia analítica, os arquétipos indicam os símbolos inatos e pré-ordenados do inconsciente humano, com particular referência ao inconsciente coletivo.

Jung define assim a ação dos arquétipos:

> "Arquétipos comunicam ao mundo efêmero de nossa consciência uma vida psíquica desconhecida, pertencente a um passado distante. Eles nos comunicam o espírito de nossos ancestrais, seu modo de pensar e sentir, seu modo de experimentar a vida e o mundo, seu relacionamento com homens e deuses ".

A literatura de Jung sobre arquétipos é muito vasta e foi sujeita a estudos, esclarecimentos e remodelações subsequentes.

Em essência, no entanto, para Jung, os arquétipos são a arquitrave do inconsciente coletivo. Isso os torna hereditários e universais, além de inatos e impessoais. Os mais importantes são o Eu, a Sombra, a Alma (ou Animus), o Velho Sábio, a Grande Mãe, o Herói, o Patife Divino e muitos outros.

Segundo Jung, o arquétipo do Eu representa a situação atual de uma pessoa em seu caminho para a auto-realização. Portanto, o Self é um impulso espontâneo que promove a maturidade e a conclusão do caminho da individuação.

A sombra é o arquétipo que contém a parte instintiva e irracional.

A Alma é a personalidade feminina, assim como o homem, se ele a representa em seu inconsciente. Por outro lado, o Animus é a personalidade masculina no inconsciente da mulher.

Wolfgang Pauli e os arquétipos

Analisando alguns de seus sonhos com a ajuda de Jung, Wolfgang Pauli desenvolveu a crença de que muitos conceitos científicos têm um conteúdo subjacente arquetípico. Ele chegou a argumentar firmemente que as leis físicas são a projeção de idéias arquetípicas.

Em 1952, Jung e Pauli publicaram juntos o livro "*Naturerklärung und Psyche*" (Explicação da natureza e da psique). O livro continha dois ensaios. O primeiro, assinado por Jung, foi o famoso "*Sincronicidade como o princípio das conexões acausais*". O segundo, assinado por Pauli, tinha o título "*A influência das imagens arquetípicas na formação das teorias científicas de Kepler*"

Em seu ensaio, Pauli pressupõe a presença de "fases de transição" entre o nível de percepção e as funções cognitivas superiores. A primeira fase é caracterizada por um conteúdo inconsciente que não é racionalmente descritível. Aqui o arquétipo opera. A segunda fase é caracterizada pelo controle crítico das idéias e pela organização coerente de suas suposições. Aqui a racionalidade científica opera.

De fato, Pauli considerou seus sonhos com muito cuidado, a fim de obter indicações úteis para a continuidade de seus estudos.

O sonho mais significativo foi aquele em que ele teve a visão de algo que chamou de "Relógio mundial". Essa imagem era, por um lado, técnica e, por outro, mística. A imagem produziu algo semelhante a uma conversão religiosa em Pauli. O sonho expressava a harmonia violada do cosmos com a figura de dois discos rotativos, que representavam o elemento físico e psíquico. Infelizmente, os dois discos foram organizados de tal maneira que a rotação de um impedia a do outro. Pauli entendeu que sua tarefa seria corrigir o mecanismo, para que os dois discos pudessem girar livremente e de acordo.

Daí surgiu sua pesquisa, conduzida por anos junto com Jung, sobre um elemento que reconciliava e reunia matéria e psique.

Descobertas científicas sugeridas por sonhos

A ideia de Pauli de que todas as descobertas científicas têm uma origem arquetípica pode ser confirmada considerando quantas descobertas têm o sonho como sua origem, ou seja, a expressão arquetípica mais clássica. Menciono aqui apenas alguns, escolhidos dentre os mais documentados.

Niels Bohr era um físico dinamarquês. Por seus estudos em física quântica, ele recebeu o Prêmio Nobel em 1922. Ele também fez uma contribuição fundamental para a compreensão da estrutura do átomo. Bem, o próprio Bohr alegou ter desenvolvido o modelo atômico refletindo em um sonho. No sonho, ele estava sentado no Sol. Todos os planetas giravam em torno dele, movendo-se em cordas e fazendo assobios. O sonho o fez entender o papel do núcleo e o papel das órbitas descritas pela rotação dos elétrons.

Larry Page disse que a idéia de um mecanismo de busca com recursos do Google surgiu durante um sonho "vívido". Ele conversou sobre isso com seu melhor amigo, Sergey Brin, e juntos eles criaram o Backrub, a primeira versão do Google atual, o mecanismo de busca mais usado no mundo.

O reverendo John W. Prince, em entrevista a John Lienhard, professor da Universidade de Houston, diz que recebeu a confiança de Albert Einstein. O cientista contou-lhe como nasceu seu interesse na velocidade da luz no campo relativista:

«Einstein disse que toda a sua carreira foi uma meditação contínua em um sonho que ele teve quando menino. Ele sonhava em dirigir um trenó por uma encosta íngreme e nevada. À medida que o trenó se aproximava da velocidade da luz, as cores se misturavam, formando uma única cor. Após o sonho, Einstein passou a maior parte de sua carreira refletindo sobre a velocidade da luz".

O livro "*The Bemis History and Genalogy*" descreve a história da família do inventor da máquina de costura Elias Howe. De fato, a máquina de costura deve reproduzir um processo manual que, ao contrário da crença popular, apresenta dificuldades consideráveis, como sabe quem já tentou conectar um botão. É uma questão de enfiar a agulha, deslizando-a por todo o comprimento da linha e, em seguida, reinserindo-a por baixo para fazê-la ressurgir da parte superior, sempre acompanhada pela linha em todo o seu comprimento. A operação deve ser realizada várias vezes. Tentativas de criar uma máquina que simulasse esse processo sempre se mostravam falhas, pois a linha acabava embaraçando logo após duas ou três passagens

Howe resolveu o problema graças a um sonho, narrado no livro:

"Elias quase se resumiu ao fracasso econômico antes de descobrir qual era o melhor lugar para posicionar o olho da agulha da máquina de costura. Sua idéia original era seguir o modelo de costura manual, posicionando o olho na extremidade oposta à ponta. Provavelmente, dessa maneira Elias não teria alcançado a meta.

No entanto, ele sonhava em ter que construir uma máquina de costura para o ditador de um povo desconhecido. O ditador deu a Elias 24 horas para concluir uma máquina em funcionamento. A penalidade pelo fracasso teria sido a morte. Elias trabalhou incansavelmente, mas acabou tendo que se render e foi condenado. Quando o pobre sujeito estava na forca, notou que os soldados tinham lanças com um buraco perto da ponta.

Ele encontrou a solução!

Implorando por mais tempo, Elias acordou. Eram quatro da manhã. Ele pulou da cama e foi para o laboratório. Às nove horas, ele havia modelado uma agulha rudimentar com o olho próximo à ponta. A partir de então tudo ficou mais simples. "

Jung e Einstein

Além de seu relacionamento duradouro com Pauli, Jung também frequentou outros físicos envolvidos no desenvolvimento da teoria quântica. De 1909 a 1913, ele teve várias conversas e trocas de pontos de vista com Albert Einstein, que não levaram a uma elaboração comum, mas foram úteis porque lhe apresentaram a possibilidade de uma visão relativística do tempo.

Usando o conhecimento quântico de Pauli e as intuições relativísticas de Einstein, Jung deu solidez à sua teoria da consciência humana. Ele afirmou, com uma certeza que foi além do plano puramente metafísico, que espaço e tempo não são realidades objetivas, mas são apenas invenções de consciência úteis para organizar processos cognitivos. Assim escreve Jung:

"O espaço e o tempo em si não consistem em nada. Esses conceitos emergem apenas da atividade discriminadora da consciência. Portanto, espaço e tempo são basicamente de origem psíquica".

Se espaço e tempo são construções da consciência, então fora da consciência eles não existem. Portanto, no inconsciente coletivo, não há espaço nem tempo.

O inconsciente coletivo é um fenômeno não local, do qual descendem manifestações não locais.

Psicóide e consciência

No parágrafo anterior, alguns conceitos bastante complexos foram expostos. É possível racionalizá-los em uma representação simplificada que permita uma maior compreensão.

Antes de tudo, o conceito de que a realidade se apresenta de diferentes maneiras, de acordo com os diferentes planos de observação, deve ser aceito. Tomemos, por exemplo, a realidade física da matéria.

O principal plano de observação é aquele conectado à percepção de nossos sentidos.

Os sentidos nos permitem dar uma dimensão às coisas que nos cercam: dizemos que uma montanha é grande e que uma mosca é pequena, porque os parametrizamos para nossas dimensões. A realidade como a percebemos é uma realidade mensurável em comprimento, largura, altura e tempo. Essas dimensões são tais que podem ser "entendidas" por nós. Digamos que eles são a nossa medida. Avaliamos as dimensões espaciais em metros, milímetros e quilômetros e o tempo em segundos, horas, anos. Na vida cotidiana, nossa "realidade", que é a nossa maneira de nos relacionar com as coisas, é baseada principalmente nessas unidades de medida.

O extremamente grande

Normalmente, não sabemos a existência de uma unidade de medida chamada yottametro, que é igual a uma quantidade de metros igual a 10 seguida por 24 zeros. Da mesma forma, na escala de tempo, não imaginamos (e não nos importamos) que o yottasegundo existe, igual a um número de segundos expressáveis com 10 seguidos por 24 zeros, ou seja, 32 bilhar de anos. Digamos 32 bilhar, quando a idade do universo é de apenas 14 bilhões de anos.

As dimensões do yottametro ou do Yottasegundo é absolutamente incompreensível para nós, são completamente inúteis em nossa experiência cotidiana e nem sequer as consideramos em nossa dimensão temporal e espacial comum.

No entanto, as medidas mencionadas existem e são usadas em outras dimensões. Por exemplo, no tamanho extremamente grande. Podemos imaginar que, no grau extremo, é suficiente multiplicar nossa experiência dimensional por mil ou cem bilhões para obter o mesmo resultado. Uma montanha "yottametric" seria simplesmente uma montanha do Everest com medições de altura e volume bilhões de vezes maiores. Não é assim. Em dimensões muito grandes, espaço e tempo não têm mais os mesmos valores. Como Einstein demonstrou, as curvas espaciais e o tempo são relativos. Um ano passado na Terra é diferente de um ano passado no espaço, dependendo da velocidade com que você se mudou. O paradoxo dos gêmeos explica muito bem a diferença entre o tempo como o entendemos e o tempo como está no nível imensamente grande.

O paradoxo dos gêmeos

Há dois gêmeos de 40 anos. Uma das duas viaja a bordo de uma nave espacial. Ele deve alcançar uma estrela a dez anos-luz de distância e depois deve retornar à Terra. Se ela viaja a 2/3 da velocidade da luz e a estrela está a 10 anos-luz de distância, a nave espacial leva 15 anos para alcançá-la e outros 15 anos para retornar à Terra, no total, 30 anos.

Quando o astronauta volta para casa, 30 anos se passaram desde que ele partiu, então seu gêmeo, que tinha 40 anos no início, agora tem 70 anos. O astronauta no início também tinha 40 anos, mas agora, em seu retorno, ele tem apenas 62. Ele é oito anos mais novo que seu irmão.

Por quê? Para onde foram os oito anos?

O tempo passou mais devagar no navio porque se moveu a uma velocidade incrível de cerca de 200.000 km por segundo. Em vez disso, na Terra, o tempo continuou a passar normalmente. Por esse motivo, ao retornar, o astronauta é mais jovem. Aplicando as fórmulas matemáticas apropriadas, obtém-se que 30 anos terrestres equivalem a 22 anos daqueles que viviam dentro da nave espacial, viajando a 200.000 km por segundo.

Na percepção dos gêmeos, o tempo passou normalmente, mas se eles pudessem se ver em uma tela hipotética, o astronauta teria visto o gêmeo se mover muito lentamente, e o gêmeo permanecido no chão teria visto o outro se mover mais rápido, como quando pressiona o botão de avanço no gravador de vídeo.

Essas são especulações filosóficas? Não! Quando temos naves espaciais capazes de viajar a uma velocidade semelhante à da luz, esse paradoxo se tornará normal.

O extremamente pequeno

Além do tamanho extremamente grande, há o tamanho extremamente pequeno. Aqui, as dimensões do tempo e do espaço não se comportam da maneira relativística intuída por Einstein, nem da maneira "comum" típica de nosso conceito de localidade. No nível subatômico, o comportamento das partículas é estudado pela física quântica. Esta ciência mostra que partículas elementares agem como se as leis conhecidas do tempo e do espaço não existissem.

Pelo que foi dito até agora, parece cientificamente comprovado que a existência, na matéria, de diferentes planos de realidade não é uma especulação filosófica, mas é uma realidade física indubitável.

Para continuar nosso raciocínio, devemos transferir o conceito de planos diferentes do universo físico para o psíquico. Ao proceder dessa maneira, é possível distinguir também no reino da psique pelo menos três níveis.

O primeiro nível é o da consciência individual, onde as dimensões espacial e temporal fazem sentido. O segundo nível é o do inconsciente individual, que funciona como um "elo" entre o primeiro e o terceiro níveis, o psicóide. No nível psicóide, tempo e espaço não existem, e não há distinção entre psíquico e material.

Homem-Consciência

Consciência é a faculdade de advertir, entender, avaliar os fatos que ocorrem na esfera da experiência individual ou aparecem em um futuro mais ou menos próximo.

Consciência é autoconsciência. A consciência pressupõe necessariamente um sistema de referência no qual um "existe". Neste sistema, é preciso ser capaz de expressar o "eu físico". Para que isso aconteça, é necessária a existência de um contexto, ou seja, um espaço no qual o eu físico adquira substância e possa se relacionar com outras formas de matéria através de medições de espaço e tempo. A consciência cria o contexto, isto é, cria a matéria e os sentidos através dos quais a própria matéria se relaciona com o contexto. O homem existe porque sua consciência o torna "sólido e palpável" e o coloca em um contexto no qual sua materialidade pode se desdobrar.

Vamos voltar ao exemplo do Big Bang. Antes do Big Bang, todo o universo era comprimido em uma "singularidade", isto é, algo que não pode ser definido. Uma grande explosão criou o universo em expansão que conhecemos. Antes da explosão, o universo existia, mas em uma condição desprovida de tempo e espaço. Podemos dizer que o Big Bang é equivalente ao nascimento da consciência do universo. O universo tornou-se consciente de si mesmo: sua consciência precisava de um espaço, um tempo e um material para estar consciente de sua existência. Portanto, a expansão do universo e a criação da matéria correspondem à sua consciência de existir.

Homem-Singularidade

Antes de existir, o homem é igualmente uma singularidade, algo indefinido. O homem precisa de seu próprio Big Bang pessoal: isso gera sua consciência e, ao mesmo tempo, a necessidade de espaço e tempo para que a consciência se torne consciente. A consciência emerge de uma singularidade indefinida e cria os parâmetros necessários para estar ciente de si mesma. Na origem de tudo, não há matéria, mas consciência. A consciência emerge de uma singularidade indefinida e cria os parâmetros necessários para estar ciente de si mesma. Na origem de tudo, não há matéria, mas consciência. A matéria desce da consciência. Sem consciência, a matéria não existiria, mas também vice-versa.

Observando as dimensões físicas do comum, o extremamente grande e o extremamente pequeno, notou-se que o homem se sente à vontade apenas na dimensão comum, enquanto experimenta dificuldades em entender as outras duas dimensões. Apesar disso, sabemos que o homem vive nos três. De fato, o homem, embora não o perceba, faz parte de dimensões muito grandes e compartilha suas leis relativísticas. Do mesmo modo, o homem é composto de bilhões de partículas elementares e compartilha as estranhas leis quânticas.

O mesmo homem vive simultaneamente no comum, infinitamente grande e infinitamente pequeno. Ele está sujeito às leis de todos os níveis, mesmo quando essas leis podem parecer conflitantes.

Do mesmo modo, o homem vive simultaneamente na dimensão da consciência física e na dimensão psicóide não-local.

Imagine um homem em sua fisicalidade e coloque-o de pé no meio de uma sala vazia. Neste ponto, eliminamos a dimensão da altura. Esse homem se achatará para ficar mais magro que a bilionésima parte de um átomo. As pontas do cabelo dela serão as solas dos pés.

Agora vamos imaginar a eliminação da dimensão da largura. Esse filme micrométrico encolherá para um fio mais fino que um bilionésimo de cabelo. Nosso homem será tão achatado e magro que constituirá uma corda quase imaginária caída no chão.

Imagine também eliminar a dimensão do comprimento. Esse simulacro de fio diminuirá para se tornar um ponto, mas um ponto tão pequeno que praticamente não é mensurável.

Finalmente, vamos imaginar eliminar a dimensão do tempo. Toda a história desse homem será compactada em um instante, tão curta que pode ser considerada quase inexistente.

Aqui, esse homem se tornou uma singularidade. Não tem mais espaço, não tem mais tempo, fisicamente não pode ser definido, mas existe na forma de singularidades. Todos os seus espaços, comprimento, largura e altura e todos os seus tempos, presente, passado e futuro estão condensados em algo que chamamos de singularidade, porque não sabemos como defini-lo de outra forma.

Ao criar um, não eliminamos o outro. No final do jogo das eliminações, no plano psíquico, temos duas versões, ambas existindo do mesmo homem.

Por um lado, temos o homem-consciência feita de carne e sangue, passado, presente e futuro, que vive no mundo consciente. Por outro lado, temos o homem-singularidade, uma realidade puramente psíquica que vive no reino da não-localidade, o inconsciente coletivo. O homem-singularidade não tem a dimensão do tempo e, portanto, inclui todo o tempo do homem-consciência . Passado, presente e futuro já estão presentes no homem-singularidade, mesmo que o futuro ainda não tenha sido construído para o homem-consciência. Enquanto o homem-consciência desenrola e desenha o grande plano de seu futuro, o homem-singularidade já o contém em sua totalidade. Não é algo já escrito, porque na não localidade não existe "já" ou "ainda não". O homem-singularidade não contém a chave do destino, mas a do conhecimento.

Nunca devemos esquecer que o homem-consciência e o homem-singularidade não são dois homens diferentes, mas dois estados sobrepostos do mesmo homem. É óbvio, portanto, que os dois estados podem dialogar. O canal de comunicação entre os dois estados é o inconsciente individual. Esse componente puramente psíquico pode investigar o homem- singularidade e pode ler nele o que o homem-consciência não sabe sobre si mesmo.

Da comunicação entre o homem-consciência e o homem-singularidade surgem as sensações, inspirações, premonições e todos os fenômenos aos quais Jung deu o nome de sincronicidade. Sincronicidades podem ter muitos significados. Podem ser visões do futuro, avisos, auxílios ou ajustes simples entre o conteúdo psíquico do homem-consciência e do homem-singularidade.

Certamente, o inconsciente coletivo não contém apenas aquelas figuras psíquicas que chamamos homem-singularidade. Na nuvem do inconsciente coletivo, tudo se soma e tudo se funde para criar emoções-singularidades, valores-singularidades, anjos-singularidades, demônios-singularidades, conhecimento singularidades, povos-singularidades, guerras-singularidades, pandemias-singularidades, pulos evolucionários-singularidades e o que mais pode ser imaginável. Cada uma dessas singularidades está pronta para explodir, gerando uma "consciência" consciente de seu potencial e pronta para explicá-las no domínio terrestre da matéria.

Por exemplo, na recente pandemia de Covid-19, uma pandemia-singularidade explodiu e tornou-se autoconsciente. Desde então, expandiu-se no tempo e no espaço, infectando todo o planeta. Porque? Porque agora? Existe alguma lógica nisso?

Tabela cronológica do "Anima Mundi"

14 bln años Big Bang
Constantes universales
Creando estrellas y planetas.
Nacimiento y difusión de carbono
4.5 años de bln Nacimiento del planeta Tierra
65 millones de años. Extinciones masivas seleccionan mamíferos
2-4 millones de años. La selección premia al homo sapiens

5000 a.C. Concepto Soul of the World

300 a.C. Platón y neoplatónicos

1530 Jerome Fracastoro y la Simpatia rerum

1600 Jordan Bruno De Universi mundi

1900 Carl Jung. Visión positiva del inconsciente

Teoría del inconsciente colectivo

Los arquetipos

Lo Psicoide

1960 Experimento de doble hendidura.
1973 Brandon Carter enuncia el principio antropogénico
2000 Papel de observador.

Cronologia da Sincronicidade

*Em certas circunstâncias, o vínculo entre eventos
não pode ser rastreado até uma causa
e requer um princípio interpretativo diferente.*
(Carl Jung, psicólogo))

Continuando na reconstrução de nosso quebra-cabeça, observamos com satisfação a torre que acabamos de concluir. Este elemento construtivo ergue-se reto e esbelto acima do castelo. A torre emerge das ameias do castelo como se fosse um corpo estranho; sua forma é semelhante a uma nave espacial colocada na plataforma de lançamento de Cabo Canaveral, pronta para se destacar do chão e ganhar vida no espaço. Para impedir a fuga da torre, dedicamo-nos a dar concretude à sua base. Nosso próximo passo será selecionar todas as peças que compõem o corpo do castelo. Construiremos os contrafortes, os poderosos muros, as brechas, as torres de guarda. O castelo começará a se materializar por completo e apoiará a torre recém-concluída.

O homem com o barril

O mundo inteiro conhece Abraham Lincoln, nascido em Hodgenville em 1809, advogado de profissão. Em 1861, ele se tornou presidente dos Estados Unidos. Anteriormente, ele liderou a União nos anos da guerra de secessão. Poucos sabem, no entanto, que Abraham nasceu em uma cabana de madeira composta por um único quarto na fazenda "Sinking Spring Farm", no meio da floresta de Kentucky, por uma família muito modesta. Seu pai era ferreiro e carpinteiro. Em grande parte autodidata, Abraham conseguiu se tornar advogado em Illinois.

No livro "*Um milagre na minha vida*", a escritora Margherita Enrico conta um detalhe significativo da vida do jovem de Lincoln:

> "Durante a juventude, ele teve um pressentimento sobre a tarefa que o aguardaria, mas ele entendeu que, para alcançá-lo, teria que aprimorar seu intelecto e adquirir habilidades profissionais que lhe permitiriam cumprir seu destino. No ambiente em que ele cresceu, no entanto, ele não tinha as ferramentas e oportunidades necessárias para se

treinar do ponto de vista profissional e, portanto, temia que suas esperanças nunca se tornassem realidade.

Um dia, ele conheceu um estranho com um barril cheio de lixo e jornais velhos, que ofereceram a Lincoln tudo por um dólar. Percebendo que o homem estava desesperado, o futuro presidente, com a gentileza que o distinguia, comprou o barril, mesmo que ele não tivesse idéia de como usar esse material. Quando o esvaziou mais tarde, encontrou uma edição completa dos *"Commentaries of the Laws of England"*, do famoso jurista William Blackstone em meio ao lixo. Esses livros permitiram que Lincoln se tornasse advogado e entrasse na política ".

Lincoln foi admitido no bar profissional em 1836. Ele se mudou para Springfield, Illinois e começou a praticar sob os cuidados de John Todd Stuart, um primo de Mary Todd que mais tarde se tornou sua esposa.

A reunião entre Lincoln e o dono do barril, e o fato de o barril conter um trabalho legal, constituem coincidências significativas. Vamos examinar os fatos:

Lincoln encontra o homem com o barril.

-O barril contém um importante trabalho legal.

Lincoln está interessado em jurisprudência, mas não tem meios para estudar.

Esses três fatos não têm uma causa comum, pelo contrário, do ponto de vista causal, estão absolutamente desconectados. Tomadas individualmente, são coincidências triviais.

Elas se tornam coincidências surpreendentes quando atribuímos arbitrariamente um significado a elas, ou seja, as conectamos para definir uma história na qual cada um dos três fatos tem um papel significativo, integra e completa os outros.

O resultado é quase mágico, o trabalho de uma força misteriosa que atua na construção do destino do futuro político. Sem sua experiência e conhecimento no mundo judicial, ele provavelmente nunca se tornaria presidente dos Estados Unidos. Mas tudo deriva de encontrar o homem com o barril.

Podemos dar crédito à teoria de que algumas estranhas coincidências em que nos encontramos vivendo em nossa vida podem ser consideradas sinais de alerta ou sinais que indicam nosso futuro?

Jung acreditava que sim. Ele estudou o fenômeno de estranhas coincidências por um longo tempo e em 1952 publicou seu famoso ensaio " Synchronicity as the principle of acausal connections ". Estranhas coincidências, sob certas condições, assumem um caráter misterioso ou, como Jung diz, "numinoso" e podem ser chamadas de sincronicidade.

A mão perfeita do jogo de cartas

Obviamente, nem todas as coincidências podem ser consideradas significativas ou "numinosas" para quem as experimenta. David Peat, físico britânico, estava envolvido na mecânica quântica e na teoria do caos, mas também seguiu com interesse as teorias da sincronicidade de Jung. Suas idéias sobre isso estão contidas no livro "*Sincronicidade. Uma união entre matéria e psique*". No livro, Peat se refere a coincidências estranhas apenas na aparência, citando o caso da "mão perfeita":

> "Dada a quantidade de eventos que ocorrem no mundo, as coincidências são inevitáveis. Por exemplo, o jogo de cartas "whist" é popular em muitos países e o número de jogos jogados todos os dias atinge números astronômicos. Mas, em uma noite de janeiro de 1998, algo muito incomum aconteceu em um clube de Bucklesham, Inglaterra. Hilda Golding, 87 anos, tinha acabado de se sentar à mesa de jogo

quando recebeu uma "mão perfeita": todas as suas treze cartas eram do naipe de flores. Não temos motivos para duvidar da validade da mão, porque as cartas foram embaralhadas e embaralhadas várias vezes, e havia outros 50 jogadores no clube naquela noite. A probabilidade de receber 13 cartas do mesmo naipe durante um jogo "whist" foi calculada em 635.013.559.600 contra 1.

Por outro lado, devemos ter em mente que *qualquer combinação* de cartões tem exatamente a mesma probabilidade de ocorrer.

O cheiro da vela

No mesmo livro, Peat descreve um evento decididamente menos impressionante, que, no entanto, classifica na categoria de sincronicidades.

"Uma jovem mulher, visitando a casa de um amigo, em um determinado momento percebe claramente o cheiro de uma vela que se apaga. As outras pessoas presentes também sentem o cheiro e começam a procurá-lo, mas concluem que nenhuma vela foi acesa em casa durante esse dia. A mulher discute com seus amigos sobre o significado dessa estranha percepção. Poucas horas depois, ela recebe um telefonema anunciando a hospitalização de seu pai. Algumas semanas depois, o pai morre. Chegando na casa paterna para assistir ao funeral, a mulher descobre que o retrato de seus pais, um presente recebido no momento do casamento, caiu do muro. Como resultado, o vidro quebrou.

A jovem é profundamente afetada por essa série de eventos e sua vida começa a mudar.... O episódio da vela é uma expressão do fenômeno chamado "sincronicidade" pelo psicólogo Carl Gustav Jung. É a correspondência entre uma experiência interna (o cheiro que não se origina na sala) e um evento externo (a morte do pai). Um episódio que, à primeira vista, pode parecer uma coincidência (a pintura cai da parede no dia do funeral), em vez disso, transcende a aleatoriedade. O episódio é configurado como uma experiência numinosa, que tem um impacto significativo na vida da jovem ".

Coincidências comuns e coincidências significativas

Há coincidências que entram muito fracamente na percepção subjetiva, outras que impressionam e atraem a atenção.

As coincidências, literalmente entendidas, são as sincronicidades, ou seja, os fatos que ocorrem no mesmo instante. Por exemplo, uma garotinha explode um balão de chiclete e, ao mesmo tempo, um dirigível explode no céu. A coincidência é certamente sincrônica, mas não há significado numinoso.

Existem sincronicidades significativas que podem ocorrer ao mesmo tempo, mas muitas vezes o tempo pode ser entendido de maneira mais ampla.

As sincronicidades sempre ocorrem dentro de uma unidade de tempo, mas esse tempo pode ser considerado de maneira flexível e dimensionada, de acordo com o sentido que o observador atribui aos eventos. Aniela Jaffè define esse tempo flexível como "contemporaneidade psicológica".

Giorgia sonha com um parente distante que ela não vê há anos porque se mudou para outra cidade. Alguns dias depois, na fila dos correios, ela o encontra alinhado atrás dela. Os fatos não são contemporâneos, mas para Giorgia são significativos.

Dentro da contemporaneidade psicológica, todas as coincidências ocorrem "no momento certo" para se tornarem significativas na atenção da pessoa envolvida. Nesse sentido, as coincidências podem ser consideradas sincrônicas, mesmo que separadas por dias, meses ou anos.

Dito isto, qualquer estranha coincidência pode ser numinosa, se ela penetra minha atenção e suscita em mim uma tempestade psíquica que a torna significativa de maneira relevante em relação às minhas perguntas e necessidades.

Além disso, como já vimos, em um contexto psicóide, todas as coincidências são sincrônicas, mesmo que não digam respeito diretamente à pessoa que é o protagonista. Mas agora estamos falando das sincronicidades que afetam os indivíduos.

De fato, Jung argumenta que as sincronicidades se manifestam preferencialmente em pessoas que estão passando por momentos de dificuldade interior, quando as defesas da consciência são mais baixas.

Certamente, a perda de um ente querido, uma desventura sentimental, os problemas relacionados às condições de trabalho podem criar perplexidade interior. Esses são os momentos em que suspeitamos que fizemos tudo errado em nossa vida. Sabemos que precisamos começar de novo, mas não sabemos como. Esses são os momentos em que as sincronicidades podem intervir com mais frequência e eficácia.

Nesses momentos, a consciência é menos vigilante e deixa mais espaço para o inconsciente. Os materiais psíquicos do inconsciente coletivo podem fluir abundantemente deste canal de comunicação, isto é, do homen- singularidade, mas também de qualquer outra singularidade capaz de filtrar sugestões misteriosas do passado e do futuro.

Nesse sentido, as sincronicidades devem ser entendidas como a troca de material psíquico entre a não localidade, onde tudo já aconteceu, e a consciência local, onde tudo está em formação. É importante considerar que o "já aconteceu" não é um destino irremediavelmente escrito, mas é o conhecimento prévio do que a consciência construirá. Portanto, a troca de materiais psíquicos pode ser considerada uma ajuda para "construir juntos". Sincronicidades podem ser consideradas conselhos de um velho sábio. Podemos levá-los em consideração ou não, dependendo de quão útil a consciência os considere. Mas a consciência julga com base na situação que conhece, ou seja, na que está passando atualmente. As sincronicidades provavelmente provêm do nosso homen- singularidade, que certamente sabe mais do que nós e grita suas razões. Infelizmente, ele faz isso usando uma linguagem que ainda não é conhecida por nós, porque ainda não a escrevemos.

Reconhecer sincronicidades

É possível estabelecer quais podem ser as principais características distintivas das sincronicidades, entendendo-se que nenhuma lista poderia ser exaustiva. No entanto, nenhum tópico relacionado à psique tem limites e não pode ser descrito em termos categóricos.

As coincidências que formam a sincronicidade devem ocorrer por acaso, sem nenhuma causa plausível que possa conectá-las. Nenhuma coincidência deve ser a causa direta da outra coincidência. Ou seja, a sincronicidade exclui o determinismo.

Deve haver um relacionamento interno-externo, ou seja, as coincidências devem ser de dois tipos. O primeiro tipo deve ser um fenômeno físico externo ao protagonista, por exemplo, um fato que realmente aconteceu. O segundo tipo deve ter uma natureza psíquica: um sonho, uma intuição, uma visão ou outra.

Deve ser possível atribuir significado às coincidências, para que, ao considerá-las juntas, não produzam desordem e não seja difícil conectá-las harmonicamente e logicamente entre si.

Eles devem ter uma comunhão semântica, para que possam ser reunidos com um simbolismo coerente. (Pássaros negros, a morte de uma pessoa).

Eles deveriam criar uma aura emocional no protagonista, impondo-se a sua atenção para despertar espanto e perplexidade. Não apenas surpresa e curiosidade, mas a sensação de estar envolvido em um evento místico, quase sagrado ou, como Jung diz, "numinoso".

Sincronicidades coletivas, culturais e globais

Até agora, tratamos as sincronicidades como se fossem exclusivamente relacionadas a indivíduos. Provavelmente subestimamos seriamente seu potencial. De fato, as sincronicidades podem intervir na história de grupos de pessoas, povos inteiros, toda a humanidade e até todo o universo

No capítulo anterior, nos referimos à nuvem do inconsciente coletivo, onde tudo se soma e tudo se funde. Aqui nascem emoções-singularidades, anjos-singularidades, demônios-singularidades, conhecimento-singularidades, povos-singularidades e tudo o que pode ser imaginável. Na não localidade do inconsciente coletivo, também surgem universos-singularidades.

O que foi dito para o homem também se aplica ao seu universo, aquele em que vivemos. Começamos do Big Bang para ilustrar o nascimento do homem-consciência como uma explosão de uma homem-singularidade.

Especialmente o universo-consciência, aquela massa de matéria e energia em que vivemos, nasceu da explosão de um universo-singularidade.

Dissemos também que a homem-consciência e a homem-singularidade coexistem em uma espécie de estados sobrepostos e podem trocar material psíquico entre eles.

Do mesmo modo, sincronicidades, entendidas como a troca de material psíquico, também podem ser consideradas existentes entre a universo-consciência e a universo-singularidade. Com efeito, a universo-singularidade, como a homem-singularidade, contém em um não espaço toda a energia, matéria, tempo e história do universo-consciência.

A universo-singularidade conhece o passado, presente e futuro do universo que vemos ao nosso redor. Ele sabe tudo o que nosso universo sensível não sabe. Ele conhece a história que nosso universo sensível escreverá, mesmo antes de escrevê-lo. A sincronicidade também flui entre a universo-singularidade e o universo-consciência na forma de materiais psíquicos, como uma ajuda para "construir juntos".

Se em tudo isso é possível vislumbrar um finalismo, apenas a universo-singularidade pode conhecê-lo. Nem mesmo a homem-singularidade pode conhecer seu propósito, porque está conectada à da universo-singularidade.

Mas é claro que nem sabemos se a universo-singularidade é a última entidade, o teto da criação. Talvez exista mais. Certamente, o objetivo de toda a construção não está nas mãos da homem-singularidade, provavelmente nem nas mãos da universo-singularidade.

Talvez haja universos-singularidades infinitas. Quem é aquele que tem o propósito de tudo em suas mãos, evidentemente o homem, as coisas, o universo, tudo está harmonizado com esse propósito.

As sincronicidades do homem e as do universo tendem para o mesmo propósito. É uma finalidade que apenas a Ultima-singularidade conhece.

Obviamente, entre as sincronicidades que envolvem indivíduos e aquelas que envolvem o universo inteiro, existem sincronicidades que podem ser conectadas a todas as instâncias do universo. No entanto, todos visam atingir o objetivo final, estabelecido pela Ultima-singularidade.

Dentro da humanidade, podemos considerar a existência de sincronicidades que se desenrolam em grupos de indivíduos, grandes comunidades, povos inteiros ou a humanidade como um todo. Talvez haja sincronicidades que possam envolver todos os rios ou todas as águas ou todos os pássaros ou elefantes. Talvez haja sincronicidades capazes de envolver toda a vida inteligente do universo, incluindo povos alienígenas de planetas distantes. Nós não sabemos. Talvez nós descubramos nos próximos séculos.

Sincronicidade para grupos de pessoas

Um episódio muito bem documentado é o que eu já mencionei no meu livro

" *Sincronicidade e entrelaçamento quântico*".

"Na noite fria de quarta-feira, 1 de março de 1950, como de costume, os membros do coral da Igreja Batista de West Side, localizado na Corte de 488 West, na cidade de Beatrice, Nebraska, estavam prestes a se encontrar.

Às 19h30, eles teriam que começar os ensaios do coral. Normalmente, nenhum dos quinze chegara tarde, por respeito aos outros membros. Além disso, o compromisso foi realizado com a responsabilidade daqueles que são chamados a um serviço para a glória de Deus.

Três minutos antes do início, exatamente às 7,27 da noite, quando geralmente o mestre do coro estava pronto no pódio com a varinha na mão, a igreja explodiu. Pedaços de paredes e teto, móveis, cadeiras e todas as outras partes da sala eram jogados em volta por dezenas de metros. A causa, então averiguada pela brigada de incêndio, foi uma explosão de gás.

Por uma incrível coincidência, todos os quinze cantores foram salvos, porque naquela noite ninguém chegou a tempo. Em particular, o pastor Reverendo Walter Kiempel, sua esposa e filha Marilyn Ruth perceberam no último momento que o vestido de sua filha estava manchado e perderam tempo porque o outro vestido tinha que ser passado a ferro.

Herb Kipf, um funcionário, teve que preencher uma carta urgente para a administração de sua empresa e depois foi colocá-la na caixa postal para enviá-la na manhã seguinte. Como consequência, sua tia, Esther Stuermer, chegou tão tarde quanto ele.

Dorothy Wood, uma jovem estudante, estava ocupada tentando ajudar seu pai doente e, portanto, teve problemas que causaram o atraso. Como não morava longe da igreja, ele sempre fazia a jornada a pé com a vizinha Lucille Jones, que, sem vê-la chegar, esperava por ela.

A sra. Paul, a diretora do coro, teve que ajudar seu filho com uma tarefa. Como resultado, ela e sua filha Marilyn chegaram atrasadas. Harvey Ahl também se atrasara para cuidar de seus filhos. Ladona Vandergrift, Royena Estes e Sadle Esh, que estavam viajando no mesmo carro, tiveram problemas mecânicos.

Joyce Black, a princípio decidira não sair naquela noite, por causa do frio, mas depois foi à reunião. Mas por causa da indecisão, ele chegou atrasado.

Finalmente, Leonard Schuster ajudou a mãe a preparar uma reunião missionária e não percebeu que estava atrasado.

Devido a uma série de circunstâncias, nenhum dos quinze membros do coro sofreu o dano da explosão. O caso pode ser invocado para explicar essa incrível cadeia de coincidências? Na verdade, as concidências parecem um pouco demais para serem consideradas "casos" simples.

De acordo com Carl Gustav Jung, quando as coincidências são tão repetidas, elas fazem sentido e se tornam significativas. O estudo das coincidências definidas como significativas levou-o a elaborar a teoria da sincronicidade.

Sincronicidade indica a ligação entre dois ou mais eventos que ocorrem sem qualquer causa, isto é, sem que alguém tenha influenciado o outro, durante um período de tempo que faz com que seja razoável vinculá-los.

De fato, entre os diferentes atrasos dos cantores e a explosão da igreja não há relação causal: a explosão não poderia ter causado os atrasos, simplesmente porque aconteceu depois.

Mas se a incidência de todos os atrasos se tornar a razão da salvação de quinze pessoas, então podemos pensar que esse evento tem características especiais.

Se em nossa realidade física ninguém pudesse saber que a igreja explodiria, talvez em outro nível de realidade era conhecido. Falamos de um nível em que o tempo e o espaço não influenciam eventos ou informações.

Num nível sem passado e futuro, a consciência de um perigo e o acontecimento do mesmo podem ser contemporâneos.

Se a consciência fosse capaz de viajar nesta dimensão, todo perigo seria conhecido antecipadamente e, portanto, poderia ser evitado. Infelizmente, não podemos fazer esta viagem. No entanto, misteriosamente, às vezes a informação chega até nós por sua própria iniciativa. Nestes casos, participamos de uma sabedoria desconhecida."

Sincronicidades culturais.

As sincronicidades culturais são teorizadas e exemplificadas no texto de Joseph Cambray "*Synchronicity: Nature and Psyche in an Interconnected Universe*", publicado em 2009.

Joseph Cambray é um psicanalista junguiano de renome internacional que desempenha papéis importantes em várias associações e é professor titular na Harward Medical School.

Em seu livro, Cambray propõe uma extensão da teoria de Jung, sugerindo que, na base de muitas evoluções culturais da humanidade, existe um "mecanismo sincrônico" que os promoveu, favoreceu e acompanhou em seu desenvolvimento.

Como exemplo, Cambray propõe de maneira sincrônica os eventos que acompanharam o nascimento da democracia na Grécia antiga.

Essa sincronicidade se desenrolaria ao longo de um período histórico que durou décadas, talvez séculos, e culminaria na reforma de Clistene em 508-507 aC. A reforma de Clistene foi favorecida e antecipada por algumas mudanças no pensamento grego em relação ao conceito de "kairos" e ao significado de "demos".

"Kairos", o momento certo

No período arcaico, o termo "kairos" era entendido como "medida correta", ou seja, tinha um significado genericamente ligado ao conceito de quantidade. No século V, o termo "kairos" começou a se referir principalmente ao tempo, no sentido de que o momento de uma decisão se cristaliza. Em alguns contextos, os "kairos" se tornam o momento do julgamento, ou o próprio ato do julgamento.

Numa estátua de Lisípos, o Kairos é representado como um jovem correndo. Ele tem muitos pelos na testa, mas está careca atrás da cabeça. O poeta Posidipo comentou essa particularidade com um epigrama que incluía estes versos:

E por que você tem cabelos no rosto?
Para que aqueles que me veem chegando possam me agarrar.
E por que você não tem cabelo para trás?
Quando eu me for, ninguém vai me agarrar por trás.

Não poderia haver verso melhor para expressar a necessidade de entender o momento certo antes que ele passe, porque, uma vez que tenha passado, ele estará perdido.

Então "kairos" é a arte de aproveitar o momento certo. Na evolução semântica grega, torna-se possível entendê-lo como o momento culminante em que é alcançado consenso na assembléia, ou seja, o momento em que a assembléia decide democraticamente. Assim, nesse contexto, os "kairos", se bem funcionais, representam a harmonia da comunidade e se tornam o princípio da tolerância, dois importantes valores democráticos.

Até o termo "demos" passa por uma mudança de significado que o atualiza em função de uma visão democrática da sociedade.

Originalmente "demos" significa uma parte gorda ou a gordura de um animal. Homer atribui à "demo" o significado de terra ocupada por uma comunidade, cultivada e gorda porque é bem coberta de estrume, e a opõe à terra rochosa e estéril.

Portanto, "demos" pretende ser um lugar rico e generoso em frutas, capaz de apoiar a comunidade que a ocupa.

Gradualmente, o termo "demos" assume um significado metafórico semelhante a um sentimento de pertencer à comunidade. Não se identifica mais com o local físico, mas com a população, a comunidade que vive naquele local.

Os "demos" não implicam um conceito de tempo, mas os "kairos" garantem isso. A comunidade e, consequentemente, o governo que a representa, torna-se um local de abundância no qual é possível aproveitar o momento certo para coordenar a melhor maneira possível a condução das atividades. A arte do governo é a arte das escolhas certas feitas pelo povo no momento certo, precisamente, a democracia.

Nesse novo e favorável substrato cultural, os eventos de Clistene e sua reforma legislativa caíram sincronicamente.

Em 508, Clistene prevaleceu em sua rivalidade com Isagora, que obteve a ajuda dos espartanos e sua intervenção em Atenas. O ditador Isagora foi derrotado e Clistene voltou do exílio. Esse sucesso deu-lhe enorme prestígio e ele conseguiu introduzir sua reforma. Clistene fez uma série de mudanças significativas nas instituições da polis de Atenas. Essa reforma contribuiu para uma abordagem da política ateniense à democracia, uma abordagem que foi posteriormente consolidada por Péricles.

A evolução dos termos "kairos" e "demos" em direção a categorias conceituais ligadas à necessidade inconsciente de novas formas de governança comunitária e à confiança concedida pelos atenienses àquele que os tirou da presença espartana foram combinadas com a presença de Clistene, o homem certo na hora certa.

Juntamente com isso, toda uma série de eventos menos relevantes, mas convergentes, que não são descritos aqui, contribuiu sincronicamente para a aceitação popular da reforma de Clistene e, consequentemente, para o nascimento da democracia ateniense.

Pode-se argumentar que isso foi de pouca utilidade, porque essa forma de governo em Atenas tinha fortunas mistas. No entanto, é claro que o ensino ateniense ainda é politicamente frutífero e centenas de estados implementam uma forma democrática de governo.

Também é óbvio, se considerarmos a história da humanidade, que a afirmação de Winston Churchill de que a democracia é a pior forma possível de governo, com exceção de todas as outras formas experimentadas até o momento, permanece válida.

Sincronicidade global

As sincronicidades culturais pressupõem que uma série de fatos ou coincidências ocorreu em um espaço de tempo específico, a fim de contribuir para a formação de um importante evento evolutivo. Examinados retrospectivamente por um observador, os fatos são surpreendentemente exatamente marcados para construir um resultado com um sentido histórico completo.

É evidente que existem muitos períodos históricos que não levaram a resultados positivos, mas a regressões significativas no caminho da civilização. No entanto, se fizermos um balanço geral do primeiro Adão à situação atual, podemos ver que a espécie humana progrediu significativamente em direção a um estágio da civilização muito mais evoluído do que o das origens e tudo sugere que essa evolução positiva continua.

Nos próximos séculos, examinando o período histórico atual, a posteridade não deixará de notar a poderosa sincronicidade dos eventos que estamos enfrentando. Em particular, a contemporaneidade entre o desenvolvimento das teorias de Jung e o nascimento da teoria quântica, ambas objetivavam a busca de um elemento unificador entre matéria e psique, prelúdio de um salto evolutivo sem precedentes na história humana. Uma nova ciência baseada na matéria e na psique permitirá, talvez, desvendar os mistérios da não-localidade, usar psiquicamente a matéria e entender o funcionamento do universo com metodologias psíquicas.

A questão é: para onde vamos?

Não sabemos, porque nossa natureza, que ainda é esmagadoramente ligada à humanidade, nos impede de entender qual poderia ser nossa natureza divina.

Em seu trabalho cheio de mística delirante, "*Septem Sermones ad Mortuos*", Jung escreve:

"Os mortos estavam voltando de Jerusalém, onde não haviam encontrado o que procuravam. Eles me pediram para deixá-los entrar e imploraram meu verbo, e então comecei meu ensino.

"Escute: eu começo do nada. Nada é igual a plenitude. No infinito, a plenitude é como o vazio. O nada está vazio e cheio.

Chamamos o nada ou a plenitude de "Pleroma". Nele, cessam o pensamento e o ser, pois o eterno e o infinito não têm qualidades.

A criatura não está no Pleroma, mas em si mesma. Pleroma é o começo e o fim da criatura. Ela a penetra como a luz do sol penetra no ar em toda parte.

No entanto, somos o próprio Pleroma, pois fazemos parte do eterno e do infinito. Mas não fazemos parte disso, porque estamos infinitamente longe de Pleroma, não espacial ou temporalmente, mas ESSENCIALMENTE, pois somos distintos de Pleroma em nossa essência de criatura, confinada no tempo e no espaço ".

Tabela cronológica da sincronicidade

14 bln años Big Bang
Constantes universales
Creando estrellas y planetas.
Nacimiento y difusión de carbono
4.5 años de bln Nacimiento del planeta Tierra
65 millones de años. Extinciones masivas seleccionan mamíferos
2-4 millones de años. La selección premia al homo sapiens
5000 a.C. Concepto Soul of the World
300 a.C. Platón y neoplatónicos
1530 Jerome Fracastoro y la Simpatia rerum
1600 Jordan Bruno De Universi mundi
1900 Carl Jung. Visión positiva del inconsciente
Teoría del inconsciente colectivo
Los arquetipos
Lo Psicoide

1950 Jung y la teoría de la sincronicidad

1960 Experimento de doble hendidura.
1973 Brandon Carter enuncia el principio antropogénico
2000 Papel de observador.

Cronologia da física quântica

*"Os físicos entenderam que o ponto essencial não é se uma teoria gosta
ou não, mas se ela fornece previsões de acordo com os experimentos.
Do ponto de vista do senso comum, a eletrodinâmica quântica
descreve uma natureza absurda. No entanto, está em perfeita
concordância com os dados experimentais.
Então, espero que todos sejam capazes de aceitar que a natureza é
absurda".*
(Richard Feynman físico dos EUA)

Nosso quebra-cabeça está prestes a terminar. O céu, a torre, o castelo estão completos: o afloramento rochoso no qual o castelo se baseia permanece e, logo à direita, o vislumbre de um mar que se estende a um horizonte incerto. O castelo foi provavelmente construído para proteger o tráfego de uma porta subjacente, que, no entanto, não é visível. Certamente o castelo representa um poderoso baluarte contra aqueles que, vindos do mar, queriam invadir e saquear a região. Fica em um promontório de granito que transfere a solidez da fundação para as paredes e muralhas. Até a torre delgada e as ameias elegantes perdem toda a fragilidade e tornam-se uma com a rocha sobre a qual repousam. As fundações das fundações parecem quase mais pesadas conforme as organizamos, como se não fossem feitas de papelão, mas da mesma pedra que representam. Uma complacência sutil invade nossa mente: aqui, nossa construção carecia de estabilidade, mas agora estamos assegurando. O castelo nunca mais cairá.

Comportamento coletivo

Athena ficou satisfeita com sua mais recente invenção e decidiu que ela a chamaria de "arado". Athena era a deusa grega que, entre outras coisas, aconselhou heróis, educou mulheres trabalhadoras, inspirou criações artesanais. O arado certamente teria aliviado os esforços dos agricultores. Athena ilustrou a operação dessa ferramenta para Myrmex, uma garotinha bonita que a acompanhou e testemunhou seu trabalho cantarolando e agitando voluptuosos passos de dança, depois desceu para o rio para se refrescar. Enquanto Myrmex estava perplexa em torno do objeto, um jovem agricultor passou e perguntou o que era.

O garoto era atraente e Myrmex não perdeu a oportunidade de se gabar. Ela explicou que ela mesma havia inventado esse objeto para diminuir o esforço dos camponeses nos campos, para que, no final dos dias úteis, os camponeses pudessem dedicar mais atenção às esposas.

O jovem agradeceu à garota, voltou para sua aldeia e compartilhou a invenção do "arado Mirmex" com todos os moradores.

Quando Athena entendeu como as coisas tinham acontecido, ficou furiosa. Além disso, a deusa era do tipo bastante suscetível. Todos sabiam que era melhor não incomodá-la e lembraram-se do caso de Arachne. Quando ela teve que lidar com Arachne, Athena a desafiou a tecer um tapete. No final do desafio, como o tapete do candidato era mais bonito que o dela, ela foi tomada pela raiva e transformou Arachne em uma aranha.

Então, quando Athena descobriu que Myrmex usurpara sua invenção, ela reagiu muito mal. Acima de tudo, ele não tolerava que a garota, sua jovem amante, tivesse se tornado bonita com um homem, explorando seus esforços. Então ela decidiu puni-la em seu método usual e transformou Myrmex em uma formiga.

Myrmex teria vivido uma vida desprovida de sexualidade, totalmente dedicada à realização de um trabalho sem satisfação e remuneração. O mesmo acontece com as formigas, cuja sociedade é dividida em castas, onde todos devem executar uma tarefa específica até a morte e o único que fornece a reprodução é a rainha. A individualidade não existe na sociedade das formigas, tudo ocorre de acordo com um interesse coletivo no qual, muito provavelmente, nenhuma formiga sente seu papel.

Além disso, se observarmos um formigueiro, temos a impressão de um grande caos. Vemos multidões de indivíduos se movendo sem nenhum sentido lógico aparente. Somente depois de longas observações os mirmecologistas reconstruíram a organização maravilhosa subjacente ao funcionamento de uma sociedade complexa como um formigueiro.

No entanto, o sentimento de desordem permaneceu proverbial em nosso vocabulário, de modo que definimos "formigueiro humano" um conjunto de pessoas que parecem vagar nas mais variadas direções, criando caminhos tortuosos sem utilidade aparente. Esta imagem pode se referir muito bem às ruas de qualquer cidade do mundo durante as horas mais movimentadas.

De fato, cada uma dessas pessoas está se movendo de acordo com uma lógica precisa destinada a realizar seus interesses. Ao contrário das formigas, cada indivíduo tem seu próprio projeto pessoal, que deve ser realizado. Obviamente, nesse caso, há menos ordem e harmonia do que um formigueiro, porque os interesses dos indivíduos geralmente entram em conflito.

No caso de um formigueiro, cada formiga sabe exatamente o que cada momento de sua vida deve fazer, enquanto no caso da sociedade humana, os indivíduos geralmente não o conhecem ou constroem seus objetivos dia a dia.

No entanto, em ambos os casos, existe um impulso coletivo que regula tudo, seja o instinto das formigas ou a economia, as leis do estado ou a ambição humana.

Não podemos deixar de mencionar outras estruturas sociais em que, apesar da improvisação, toda a comunidade trabalha como um relógio sincronizado com o milésimo de segundo.

Estou falando de bandos de pássaros ou cardumes de peixes. Todo cidadão de Roma conhece o fenômeno de que, no quente pôr do sol da capital italiana, o céu quase escurece devido à presença de bandos compostos por centenas de milhares de "sturnus vulgaris", uma ave passeriforme comumente chamada estorninho. Isso ocorre em muitas outras cidades do mundo. Os transeuntes não podem deixar de se surpreender ao observar a evolução dessas enormes massas de pássaros no céu. O bando assume a aparência de uma criatura única, plástica, adaptável, viva e inteligente. Certamente este é um dos fenômenos mais fascinantes no comportamento coletivo dos animais.

De fato, bandos de pássaros voam para o céu, perseguindo outros bandos invisíveis aos olhos humanos, aqueles feitos de bilhões de insetos. Portanto, a primeira razão para a evolução dos bandos é a comida: o bando persegue os enxames de insetos para se alimentar deles. A segunda razão é a defesa contra predadores. Diante do ataque de um falcão que voa a uma velocidade incrível sobre o bando, isso magicamente se abre e cria um vazio ao longo da trajetória do predador, frustrando seu ataque.

As mesmas evoluções com as mesmas motivações poderiam ser notadas em cardumes de peixes, se nosso olhar pudesse embaixo da água. Grandes cardumes de arenque conseguem comida e se defendem dos ataques de tubarões com a mesma incrível sincronia de movimento.

O que é incomum não é tanto a razão pela qual os bandos voam ou cardumes de peixes nadam, mas sua capacidade de se mover em perfeita sincronia, do primeiro ao último membro que os compõe.

Um bando de pássaros é um fenômeno organizado sem um organizador, assim como um ninho de formigas. Nas formigas, o comportamento é padronizado; nos bandos, é fluido e pode variar de instante a instante.

Da mesma forma, podemos observar o comportamento do sistema imunológico humano, onde os anticorpos buscam bactérias e vírus de maneira sistemática e coordenada, sem nunca ter detectado um "comandante geral de anticorpos". Cada anticorpo conhece e executa sua tarefa como se fosse um com os outros.

Até um cardume de peixes ou um bando de pássaros se comporta como se fosse um único organismo, composto de muitos indivíduos organizados em um superindividual. Apesar das muitas tentativas de interpretação dadas ao fenômeno, não está claro como eles conseguem se mover em uníssono sem uma super-inteligência que os guie.

A explicação mais frequente é que cada membro do grupo se adapta às evoluções do vizinho. Isso não explica o fato de que, em um grupo de centenas de metros, o localizado na extrema direita se move em uníssono com o localizado na extrema esquerda.

Organização da matéria

As formas de organização social propostas até agora todas tinham a característica de serem biológicas. Formigas e pássaros individuais têm sua própria inteligência ou instinto, mas seus comportamentos nos permitem vislumbrar a possibilidade de super-inteligência. No caso dos homens, certamente há um objetivo coletivo, fruto do espírito gregário, que define objetivos projetados além dos interesses dos indivíduos.

Podemos nos perguntar se alguma forma de organização "inteligente" também pode ser encontrada em matéria não biológica que, notoriamente, é "bruta".

Também neste caso é necessário distinguir entre matéria na realidade macroscópica e matéria na realidade microscópica ou, melhor, subatômica.

Na realidade macroscópica, isto é, na realidade percebida pelos nossos sentidos, as "coisas" tendem a se agregar de uma maneira aparentemente inteligente, mas sempre determinística. Por trás do fato de que bilhões de grãos dourados formam uma praia, existe uma causa muito específica, e é o fato de que as ondas do mar, com um enxágue contínuo, limpam os grãos e os depositam no ponto em que a água bate na terra. Você não encontrará praias distantes de corpos d'água. Às vezes, o vento desempenha a mesma função que a água e cria dunas do deserto.

Por trás do fato de que milhões de abetos se reúnem para formar uma floresta de pinheiros em áreas montanhosas, não há comportamento inteligente dos abetos. Simplesmente, as condições ambientais e meteorológicas, bem como a composição do solo, favorecem sua difusão nesse ambiente.

Aparentemente, existem fenômenos inexplicáveis que certamente respondem a uma causalidade precisa. Por exemplo, por que a água, caindo em um buraco como o de uma pia, forma um redemoinho que sempre gira na mesma direção?

A explicação é bastante complexa, mas livre de implicações misteriosas. Todos os fluidos em movimento são afetados por uma força, chamada força Coriolis, devido à rotação da Terra. Ele age nos fluidos, desviando o movimento deles para a direita ou esquerda, dependendo de você estar no hemisfério norte ou sul.

Isso depende da direção da rotação da Terra, que parece diferente se observarmos o globo acima do polo norte (no sentido anti-horário) ou abaixo do polo sul (no sentido horário).

Portanto, a água que cria um redemoinho na pia esvaziando girará no sentido anti-horário no hemisfério norte e no sentido horário no hemisfério sul . O fenômeno é reproduzido com maior confiança, onde as forças são mais intensas, por exemplo, nos ciclones, onde os ventos giram no sentido anti-horário no hemisfério norte e no sentido horário no hemisfério sul.

Obviamente, as primeiras causas do comportamento determinístico da matéria no nível macroscópico são as interações devido às forças fundamentais da gravidade e do eletromagnetismo.

Plasmas

O comportamento da matéria é muito menos determinístico em um nível subatômico, onde as coisas não funcionam como no nível macroscópico. Para introduzir este tópico, é necessário apresentar dois protagonistas da física a partir da década de 1940.

O primeiro protagonista são os plasmas. Voltando às memórias da escola, lembraremos o que nos foi amplamente explicado: a matéria pode ocorrer em três estados, sólido, líquido e gasoso. De fato, também existe um quarto estado chamado plasma.

A matéria, nos três estados mais conhecidos, é composta de átomos. O átomo tem um núcleo central em torno do qual um certo número de elétrons gira. Todo material sólido, líquido ou gasoso é composto de átomos desse tipo. Em vez disso, o plasma é composto por núcleos de átomos que perderam elétrons e elétrons que vagam por si mesmos se desassociaram dos núcleos. Nesse estado, núcleos livres de elétrons são chamados de íons.

Se alguém imaginar que o plasma é um estado da matéria particularmente raro, limitado a casos esporádicos, saiba que ele está errado. O plasma representa 99% da matéria no universo.

O universo visível, e provavelmente também o invisível, é feito de plasma. O plasma forma as estrelas e preenche os espaços interestelares. A coroa solar, as luzes do norte, os lampejos de luz cósmica, são feitos de plasma. Mais modestamente, as lâmpadas de néon são feitas de plasma, assim como os lasers e as telas planas das televisões modernas.

De fato, se pudéssemos observar um plasma, obteríamos a mesma impressão que observamos um formigueiro ou a Quinta Avenida de Nova York às sete da manhã. Uma grande confusão c uma infinidade de assuntos que circulam, aparentemente sem rumo.

Aqui, no entanto, entra em cena o segundo protagonista, David Bohm, o "mirmecologista de átomos" que estudou o comportamento do plasma, chegando às mesmas conclusões que aqueles que estudaram formigas. Onde o caos parece reinar, há uma ordem incrível.

A diferença, no entanto, é substancial. Enquanto um formigueiro representa uma ordem fechada forjada pelo instinto e pela evolução para seguir certos comportamentos, os elétrons e íons que compõem um plasma não passaram por nenhuma evolução, eles são os mesmos gerados pela explosão do Big Bang. Talvez eles tenham reciclado milhões de vezes nos fornos estelares cósmicos antes de virem a compor esse plasma, mas são exatamente os mesmos que nascem do instante criativo. Portanto, se existe um comportamento organizado, isto é, inteligente, isso é intrínseco à matéria desde a sua criação.

Obviamente, muitos estudos de plasma foram realizados, incluindo os de Benjamin Franklin e, mais recentemente, os de Nikolas Tesla. No entanto, o interesse sistemático no estudo de plasmas começou no final dos anos 1950, quando a Conferência de "Atoms for peace" de Genebra sancionou o início de estudos sobre a exploração pacífica da fusão nuclear. No entanto, os estudos de interesse neste livro são aqueles realizados por David Bohm, porque eles tiveram uma influência "educacional" decisiva para ele e o guiaram em estudos subsequentes dedicados à física quântica

David Bohm

David Bohm nasceu em Wilkes-Barre, EUA, em 20 de dezembro de 1917, filho de Samuel Bohm, um emigrante húngaro de origem judaica. Sua mãe era lituana, também de origem judaica. David Peat, o conhecido físico que era aluno de Bohm, narra que:

> "... sua mãe estava doente mental e incapaz de cuidar dele; seu pai sempre o rejeitava. Bohm era uma criança infeliz e doente, que fantasiava viajar para outros planetas e imaginava esses planetas como mundos ideais em comparação com nosso mundo manifestamente impuro ".

Bohm se formou em física em 1939, então, sob a orientação do grande físico teórico Robert Oppenheimer, em 1943 obteve seu doutorado em física teórica. Ele permaneceu em Berkeley por alguns anos como pesquisador. Até 1947, sua pesquisa se concentrava na teoria do plasma.

No curso desta pesquisa, Bohm observou que os elétrons, que aparentemente deveriam ter se comportado livre e caoticamente no plasma, exibiam comportamentos coerentes e coletivos. Aos seus olhos uma estrutura complexa, porém inteligente, da matéria tomou forma. Bohm também estudou a relação entre o plasma e os campos magnéticos e desenvolveu a teoria conhecida como "difusão de Bohm". O estudo do plasma foi a chave para ele relacionar os comportamentos individuais dos elétrons com os comportamentos coletivos presentes no plasma e, em geral, com a matéria.

Na prática, durante seus estudos, Bohm percebeu que os elétrons livres dentro de um plasma não se comportam com um individualismo anarquista, mas agem como se fossem parte de um todo maior e mais interconectado.

Ele descobriu, dentro da massa de elétrons livres, comportamentos auto-reguladores, nos quais, em sua totalidade, os elétrons representavam um organismo único e coordenado, da mesma maneira que milhares de pássaros presentes em um rebanho constituem um corpo único. que responde aos estímulos do ambiente com uma coerência misteriosa. Seria difícil argumentar que os elétrons se comportam assim, seguindo os movimentos do elétron próximo.

Posteriormente, Bohm tornou-se professor na Universidade de Princeton e continuou seus estudos aqui, dedicando-se ao comportamento dos elétrons nos metais. Também nesses estudos, ele verificou que o movimento individual de elétrons era capaz de criar efeitos gerais altamente organizados.

O estudo sobre plasmas permitiu a Bohm fornecer uma abordagem precisa e original de suas teorias subsequentes da física quântica, que foram chamadas de "mecânica quântica de Bohm". Mas, antes de comentar sobre a física quântica bohmiana, é útil examinar os conceitos mais conhecidos da física quântica clássica.

Niels Bohr e a escola de Copenhague

Por uma estranha coincidência, o homem a quem devemos nos referir para falar da física quântica clássica tem um nome extremamente semelhante ao de David Bohm. De fato, chama-se Niels Bohr. A coincidência é ainda mais intrigante se considerarmos seu nome completo: Niels Henrik David Bohr.

Bohr nasceu em Copenhague em 7 de outubro de 1885 e é uma das personalidades mais conhecidas do mundo da física. Em 1922,

Bohr recebeu o Prêmio Nobel, que foi concedido "*por seus serviços na investigação da estrutura dos átomos e da radiação que emana deles*".

Continuando estudos anteriores, Bohr desenvolveu uma estrutura atômica baseada em um núcleo central com elétrons girando em torno dele, e este é o modelo representativo do átomo mais utilizado ainda hoje, apesar de estar amplamente desatualizado.

A partir de 1921, Bohr dirigiu, durante grande parte de sua vida, o Instituto de Física Teórica da Universidade de Copenhague. Este Instituto foi o ponto de referência para físicos teóricos nas décadas de 1920 e 1930. Nesse instituto, foram desenvolvidos estudos sobre física quântica que, atualmente, são considerados o "corpus" mais credível na matéria.

O instituto liderado por Bohr, que foi chamado de "*Escola de Copenhague*", forneceu a primeira interpretação dos fenômenos quânticos, hoje a mais difundida. É inspirado no trabalho realizado na capital dinamarquesa principalmente por Niels Bohr e Werner Heisenberg por volta de 1927 e diz respeito a aspectos como a realização de medições no ambiente quântico, o princípio da complementaridade e o dualismo de partículas de ondas.

Indeterminação e complementaridade

Como parte da Escola de Copenhague, o físico Werner Heisenberg formulou, em 1927, o princípio chamado "*princípio da incerteza*", publicando-o em um famoso artigo na revista "*Zeitschrift für Physik*".

O princípio de Heisenberg, sem dúvida, envolve uma das revoluções mais desconcertantes do conhecimento humano, e tem sido objeto de discussão ao longo do século XX.

De acordo com esse princípio, na realidade existem quantidades correlacionadas (chamadas "conjugadas") que nunca podem ser conhecidas exatamente ao mesmo tempo. Se eu medir uma quantidade, não posso medir com precisão a outra.

Por exemplo, na física clássica, podemos conhecer todas as medidas de um objeto a qualquer momento, altura, largura, comprimento, volume, peso, e também podemos saber sua velocidade e seu caminho, caso o objeto se mova.

Essa possibilidade de medição é a base dos conceitos de causalidade e determinismo, tão queridos pela física clássica. Cada evento tem uma causa, conforme é determinado por outro evento. Se conheço a causa, posso calcular o efeito. Dessa maneira, calculo a trajetória de uma bala para saber em que ponto ela atingirá ou calculo a jornada de uma nave espacial para saber quando e onde ela pousará.

Basta conhecer alguns valores, como o peso do objeto, sua forma e o impulso que ele recebe.

Se o princípio da incerteza de Heisenberg fosse aplicável à realidade macroscópica, significaria ser capaz de conhecer a altura de uma caixa de sapatos, mas não sua largura, ou seu peso, mas não sua profundidade.

Na física subatômica exatamente isso acontece. Não podemos saber a posição de uma partícula e sua velocidade ao mesmo tempo, ou vice-versa. Se medirmos um valor, a medição do outro é absolutamente incerta. Portanto, na física quântica, causalidade e determinismo não são mais conceitos válidos.

Em seu desenvolvimento matemático, o princípio de Heisenberg tem implicações ainda mais desconcertantes quando afirma que as partículas podem surgir "do nada", isto é, na ausência da energia necessária para sua criação. Essas partículas são produzidas a partir de incertezas energéticas, usando uma "energia temporária" retirada do vácuo. No entanto, imediatamente após a energia ser "devolvida" e as partículas desaparecerem. Essas são criações efêmeras chamadas partículas virtuais. Eles não podem ser observados, mas deixam um rastro de sua existência nos níveis de energia dos átomos. Esses traços foram realmente medidos.

Algo semelhante acontece quando o agente de uma infecção desaparece do corpo doente, mas os anticorpos permanecem para testemunhar que a infecção ocorreu.

No mesmo ano de 1927, Bohr participou do Congresso Internacional de Físicos, realizado na Itália em Como, por ocasião do centenário da morte de Alessandro Volta.

Durante essa conferência, Bohr enunciou o princípio da complementaridade. De acordo com esse princípio, todos os fenômenos físicos apresentam, no nível atômico ou subatômico, um aspecto duplo, corpuscular e ondulatório. Qualquer tentativa de destacar um dos dois aspectos impede o destaque do outro. Um objeto subatômico é simultaneamente onda e partícula, mas não podemos observá-lo simultaneamente nos dois estados. Os dois aspectos, corpusculares e ondulatórios, são complementares e, ao mesmo tempo, mutuamente exclusivos; portanto, a observação de um exclui a do outro.

O "princípio de complementaridade" de Bohr representa a síntese metafísica do princípio da incerteza. Não há representação causal de fenômenos quânticos no espaço e no tempo. As quantidades de energia e momento, que são a base da causalidade da física clássica, não podem ser medidas com precisão suficiente. A teoria quântica nega a idéia clássica de causalidade.

A impossibilidade de o experimentador medir simultaneamente as propriedades quânticas conjugadas constitui a base dura e incompreensível da mecânica quântica. Partindo dessas premissas, a física quântica assume um caráter aleatório e probabilístico. No nível das partículas elementares, não há certezas, apenas probabilidades.

O princípio da complementaridade tornou-se imediatamente a estrutura conceitual da mecânica quântica. O princípio da incerteza de Heisenberg também encontrou seu lugar na complementaridade. Esses dois princípios são auto-sustentáveis e são os pilares da interpretação oficial da mecânica quântica, também chamada de "interpretação ortodoxa" ou "interpretação de Copenhague", como Heisenberg definiu em 1955.

Comece novamente a partir da fenda dupla

Em 1801, Thomas Young, com o famoso experimento de dupla fenda, havia mostrado que um feixe de luz que passa por uma barreira com duas fendas produz formas de interferência nas costas e conclui que a luz é composta de ondas. Cem anos depois, em 1905, Albert Einstein descobriu o efeito fotoelétrico, o que lhe permitiu dizer que a luz é composta de partículas.

Ambos estavam certos. A luz se mostra como uma onda ou como uma partícula, dependendo de qual experimento é realizado. O experimento causa o "colapso" da partícula em uma posição específica, escolhida pelo pesquisador. Na ausência de um experimento, a partícula é apenas uma onda de probabilidade.

Portanto, a luz tem uma vida dupla, sendo representada tanto pelas ondas, que é pura energia, quanto pelas partículas, que é pura matéria. O fato é que, de acordo com o princípio da complementaridade, uma partícula de luz nunca pode ser observada simultaneamente nos dois estados. Ao mesmo tempo, de acordo com o princípio da incerteza, é impossível determinar simultaneamente a energia e a massa de uma partícula de luz.

Portanto, matéria, energia, posição e velocidade não correspondem mais a certos valores da física clássica, mas são cobertas com absoluta incerteza. Todos esses parâmetros, no nível quântico, não são certos, mas apenas prováveis.

Essa ambivalência se torna flagrante se ainda considerarmos o experimento de fenda dupla. Como visto acima, vamos imaginar colocar uma fonte de luz monocromática na frente de uma barreira com duas fendas. Se fecharmos uma das duas fendas, a luz se comporta como uma partícula. Se deixarmos ambas as fendas abertas, a luz se comporta como uma onda, porque passa através de ambas e gera as figuras de interferência nas costas.

O experimento de Young parou aqui porque, na época, não havia ferramentas para expandi-lo.

As surpresas surgiram quando se tornou possível lançar apenas um fóton de cada vez contra a barreira, em vez de um feixe de luz composto de bilhões de fótons.

O senso comum nos diria que um único fóton deve passar por uma única fenda. De fato, se deixarmos apenas uma fenda aberta, isso acontece. Isso é demonstrado pelo fato de que, na tela atrás dele, o fóton impressiona um ponto de impacto, como faria uma pedra ou uma bala.

Da mesma forma, o senso comum diria que, se lançarmos um único fóton contra duas fendas abertas, esse fóton deve passar por apenas uma das duas, impactando a parte traseira da fenda cruzada.

Em vez disso, não.

Se deixarmos as duas fendas abertas, o único fóton lançado cruza as duas. A prova disso é que o impacto da partícula não aparece nas costas, mas as figuras de interferência são formadas, como se dois fótons tivessem cruzado as duas fendas. Mas o fóton era um.

Daí a confirmação da dualidade do fóton. Se a barreira tiver apenas uma abertura, o fóton se comportará como uma partícula. Se houver duas aberturas, o mesmo fóton se comporta como uma onda.

A questão é: o fóton possui uma inteligência capaz de entender quantas aberturas encontrará no caminho? O fóton é capaz de decidir como se comportar?

Se você atirar uma pedra em qualquer alvo, ela poderá escolher o caminho e a força? Certamente não, porque a pedra é uma matéria "estúpida", não possui nervos ou cérebros que lhe permitam elaborar uma decisão.

Mas, ao mesmo tempo, o fóton também é feito de matéria "estúpida". Certamente não possui sistema nervoso nem cérebro. Então, de onde vem sua capacidade de conhecer o caminho e se adaptar às condições em que ele virá?

A questão sobre a inteligência dos fótons se torna mais convincente se considerarmos a continuação do experimento.

Os cientistas decidem colocar um instrumento de controle atrás de uma das duas fendas, para verificar se o fóton passa por uma ou outra.

Bem, qualquer que seja a fenda controlada, o fóton certamente atravessa exatamente isso e se comporta como uma partícula.

Removendo o controle, ele passa por ambas as fendas e age como uma onda.

É evidente que o fóton, que deveria ser desprovido de olhos e cérebros, vê muito bem (de fato, pré-vê) qual será seu caminho e muda seu comportamento de acordo com o que encontrará.

Vamos fazer a pergunta anterior novamente: como o fóton sabe com antecedência quantas fendas encontrará no caminho e se uma delas é monitorada?

O papel do observador

A última grande surpresa que surge do experimento com fótons únicos é o papel que o experimentador desempenha.

De fato, como mencionado, se o pesquisador colocar o detector atrás da fenda à esquerda. o fóton cruza a fenda à esquerda. Se, por outro lado, o pesquisador colocar o detector atrás da fenda à direita, o fóton cruzará a fenda à direita. Disso resulta uma conclusão tão óbvia quanto incrível: o experimentador pode decidir para onde o fóton deve passar.

Esse fenômeno é chamado de "papel do observador", porque o pesquisador observa o comportamento da partícula e é uma das conclusões mais surpreendentes da física quântica: observando uma partícula elementar, podemos forçá-la a se comportar de acordo com a nossa vontade.

Obviamente, isso é possível, no momento, apenas no contexto de um experimento de laboratório. Essas conclusões, repetidamente confirmadas, contrastam violentamente com tudo o que pensamos saber sobre a realidade que nos rodeia.

Primeiro, o fato de uma partícula poder ser localizada nos dois locais ao mesmo tempo (nas fendas F1 e F2). Então, o fato de uma partícula, feita de matéria, poder ser simultaneamente uma onda, feita de energia. Finalmente, o comportamento aparentemente inteligente de uma partícula elementar, que se mostra capaz de fazer escolhas complexas.

Para introduzir algumas notas de terminologia científica, podemos dizer que a presença simultânea do fóton na forma de uma onda e uma partícula leva o nome de "superposição de estados". Mas a sobreposição cessa imediatamente se um observador intervém.

Se lançarmos um fóton contra uma barreira com três fendas (F1-F2-F3), o fóton estará em "superposição de estados" porque está presente em F1, F2 e F3. O fóton é simultaneamente uma partícula em F1, outra partícula em F2 e uma terceira partícula em F3. Prova disso é o fato de que padrões de interferência são criados no verso: esse não seria o caso se houvesse apenas uma partícula.

No entanto, se o observador coloca um instrumento atrás de uma fenda, por exemplo, F2, o fóton cai imediatamente como uma partícula e está presente apenas em F2.

Essa "adaptação" do fóton é chamada de "colapso das ondas". Na prática, a onda F1 F2 F3 sai da sobreposição e entra em colapso em uma única condição e depois se torna a partícula que cruza F2.

Teoria do multiverso

A pergunta que muitos fazem é a seguinte: três fótons realmente existiam antes do colapso? E se houvesse, exceto o fóton que caiu em F2, o que aconteceu com os outros dois?

Existem várias respostas ou, mais do que respostas, suposições.

Segundo David Deutsch, um dos principais especialistas em física quântica, quando a partícula forma uma figura de interferência, ela não interfere consigo mesma, mas com outra partícula de outro universo. Portanto, a superposição de estados revela uma interferência entre universos paralelos.

Outro físico, Hugh Everett, apoiado por cientistas famosos como Archibald Wheeler e Lev Valdman, diz que, quando o observador dirige a escolha em apenas um dos estados sobrepostos possíveis que causam o colapso, os outros estados não desaparecem no ar, mas desmoronam. multiverso feito de um número infinito de universos.

Física clássica e física quântica

A confirmação dos princípios de complementaridade e indeterminação gerou uma profunda mudança na atitude filosófica da maioria dos físicos, sem prejuízo de alguns irredutíveis "kamikaze japoneses" ainda entrincheirados em defesa de suas ilhas materialistas quando a guerra se perde há um século.

A partir do Iluminismo, uma concepção materialista se espalhou pelo mundo com base na certeza de que a ciência já havia explicado tudo e que todo o universo poderia ser interpretado com base em leis físicas conhecidas. Acreditava-se que o comportamento de todas as partes do universo, da galáxia mais distante à bola na mesa de bilhar, pudesse ser calculado e determinado com precisão. De acordo com o materialismo, existem apenas eventos físicos. Cada evento físico tem uma causa física que determina com precisão o que acontece a seguir. Daí os conceitos de causalidade e determinismo. Neste universo, a psique e a consciência não desempenham nenhum papel. Existe apenas uma realidade objetiva, baseada na matéria em suas interações. O materialismo supera as sensações humanas e ridiculariza qualquer atividade relacionada ao espírito e a eventos extra-sensoriais, como premonições e telepatia.

Com o advento da mecânica quântica, muitas idéias relacionadas às habilidades psíquicas do homem foram reavaliadas. Em primeiro lugar, as teorias de Carl Jung relativas ao inconsciente coletivo e à sincronicidade. Além disso, na afirmação dessas teorias, o próprio Jung recebeu grande apoio do Nobel Pauli.

A ciência materialista considerou "superstições prejudiciais ao progresso civil" várias correntes de pensamento que se seguiram na história, começando com o conceito de Anima Mundi, nascido na escola neoplatônica.

Hoje, a maioria dos cientistas mentalmente abertos e livres de preconceitos, embora ainda se proclamem incrédulos, iniciaram caminhos espirituais de aproximação a uma realidade cósmica onde dados experimentais mostram a existência de muito mais do que apenas matéria.

A impressão decididamente metafísica dada por Bohr à Interpretação de Copenhague permite que algumas declarações sejam feitas.

A primeira é que não faz sentido falar sobre "coisas", pois, objetivamente, elas não existem. Heisemberg afirma claramente que uma partícula não é um corpo sólido colocado com certeza no espaço e no tempo, mas é apenas o paradigma simbólico de uma realidade probabilística.

Daí resulta que os comportamentos do universo feitos de matéria se tornam incompreensíveis se não estiverem associados a um componente psíquico ou energia inteligente. (Bohm chamará isso de potencial quântico).

Obviamente, em um nível macroscópico, a realidade segue leis causais e determinísticas, mas não o faz em um nível subatômico. No entanto, nós mesmos somos feitos de partículas subatômicas. Portanto, é possível que nossa percepção determinística se deva à imperfeição adaptativa de nossos sentidos. Também é possível que exista uma lei unificadora dos diferentes níveis da matéria, mas ninguém a descobriu ainda.

O advento da física quântica apaga séculos de determinismo e libera a mente para entender a realidade de perspectivas até então inéditas. Nestes novos panoramas, a matéria e a psique colaboram de acordo com as leis que devem ser descobertas.

Esses conceitos são difíceis de entender para aqueles que raciocinaram a vida inteira de acordo com outras métricas. Consequentemente, devido às implicações espirituais e metafísicas da teoria quântica, muitos dos mesmos físicos que contribuíram como protagonistas para seu desenvolvimento permaneceram sempre antagonistas irredutíveis da Escola de Copenhague. Entre eles, podemos citar Plank, Schrödinger, De Broglie e, sobretudo, Einstein.

O problema da não localidade

O obstáculo que induziu Einstein a ser altamente hostil às teses da Escola de Copenhague foi a questão da "localidade".

Na física clássica, o princípio da localidade afirma que não pode haver influência instantânea entre dois objetos colocados no espaço além de uma certa distância. De fato, um objeto é influenciado por outro objeto apenas se estiver próximo ou, é claro, se os dois objetos colidirem. Nesse sentido, frequentemente nos referimos a esta citação de Einstein:

> "Não posso acreditar seriamente na mecânica quântica, porque é incompatível com o princípio de que a física deve representar uma realidade no tempo e no espaço, sem efeitos absurdos à distância".

Einstein não podia aceitar uma realidade em que não era possível determinar todos os valores físicos de um objeto em todos os momentos. Sua famosa declaração "Deus não joga dados com o universo" teve um eco incrível nas décadas seguintes, mas às vezes é indecifrável. De fato, Einstein queria dizer que as leis físicas sempre devem ser precisas e não podem contemplar incertezas e estados probabilísticos, porque seriam incompatíveis com a perfeição da criação.

Mas o que significa "localização"? Por exemplo, se eu estiver viajando em um trem e o trem descarrilar, posso ser ferido porque estou "dentro" do trem. Em vez disso, uma pessoa a dois quilômetros de distância fica sentada no pátio de sua casa. não sofrerá nenhum dano.

Todas as forças realizam sua ação proporcionalmente à distância. Quanto mais a distância aumenta, mais as forças enfraquecem. Testamos isso movendo um ímã para mais ou para menos longe das limalhas de ferro. Por exemplo, podemos comparar a atração gravitacional exercida pelo Sol na Terra, muito eficaz, com a exercida em alguma galáxia distante, praticamente zero. A voz se expande no espaço, mas não além de uma certa distância, após o que diminui até desaparecer. Um objeto que recebe um push será movido, mas não indefinidamente.

Esta é a localidade, uma característica integrante da física clássica, mas também da física relativística desenvolvida por Einstein. Uma das condições respeitadas pela teoria relativística da gravitação é que a velocidade com que qualquer coisa se move não deve exceder a da propagação da luz. A localização implica, é claro, o conceito de tempo. Demora cerca de oito minutos para a luz solar atingir a Terra.

Na concepção localista da física clássica, não há forças capazes de operar em distâncias infinitas em um tempo inexistente.

A localização exclui a contemporancidade dos fenômenos. Pelo termo contemporaneidade, entendemos a ausência absoluta de qualquer intervalo de tempo entre dois eventos relacionados. A flecha disparada no universo local atingirá o alvo após um tempo proporcional à duração da jornada e ao impulso recebido. A flecha disparada no universo não local atinge o alvo ao mesmo tempo em que sai do arco.

A física quântica prevê a existência de eventos que não são afetados por distâncias e não precisam de tempo para se desdobrar. Um desses eventos é o entrelaçamento que pode ser criado entre partículas elementares. Daí o termo técnico em inglês "entangelment", que foi emprestado de todos os círculos científicos e pode ser traduzido como "entrelaçado".

Ao se opor ao conceito de localidade, a física quântica adota a não-localidade, uma não-localidade sem qualquer limitação física, seja espaço ou tempo, onde os mesmos fenômenos podem ocorrer simultaneamente nas duas extremidades do universo sem comunicação aparente . Na não localidade, não há mediador que transfira informações de um extremo do universo para outro: simplesmente, todas as informações já estão em todo lugar ao mesmo tempo.

O experimento EPR

Por causa de suas crenças, Einstein se opôs à não localidade prevista pela Escola de Copenhague. No entanto, com as ferramentas disponíveis na época, não foi possível confirmar as afirmações teóricas experimentalmente em laboratório. Portanto, Einstein contrastou a teoria da não-localidade de maneira igualmente teórica, imaginando um experimento mental. Experimentos mentais são amplamente utilizados quando não é possível ter instrumentos adequados para verificar os resultados.

Em 1935, Albert Einstein, Boris Podolsky e Nathan Rosen propuseram o experimento chamado EPR, a partir das iniciais de seus nomes. O experimento teve como objetivo demonstrar que a mecânica quântica não poderia ser considerada uma teoria física completa e que variáveis ocultas e desconhecidas, capazes de concluí-la, devem existir. De acordo com os três cientistas, a mecânica quântica deu resultados não localísticos porque alguns dados importantes foram ignorados nas fórmulas usadas para os cálculos. De fato, uma teoria física só pode ser considerada completa se levar em consideração todos os elementos físicos da realidade. Segundo Einstein, alguns dados certamente foram negligenciados nas equações quânticas. Somando-se aos cálculos essas variáveis misteriosas, o castelo não local entraria em colapso e a mecânica quântica retornaria ao recinto pacífico de determinismo e localidade.

Infelizmente, o experimento EPR, além de mental, também foi notavelmente complexo, por isso não levou a nenhuma conclusão definitiva, muito menos a certa refutação das conclusões da mecânica quântica. Nos anos seguintes, a teoria da Escola Copehagen prevaleceu sobre as dúvidas de Einstein, que, no entanto, continuaram sem solução.

A verificação experimental do emaranhamento

Uma possível solução foi proposta em 1965 pelo físico irlandês John Bell.

Seu raciocínio era evidente. Se a realidade era local, algumas medidas físicas deveriam estar sujeitas a restrições definidas pelo nome de "Desigualdades de Bell". Se violações das desigualdades de Bell fossem encontradas, isso teria confirmado a existência de comportamento não local.

Bell incentivou a comunidade científica a realizar experimentos verificando a consistência das desigualdades. Entre os vários cientistas que aceitaram o desafio, houve quem desenvolveu um experimento capaz de dar uma resposta definitiva ao dilema sobre a existência da não localidade. Este foi Alain Aspect, que organizou o experimento com sua equipe no Instituto Ótico da Universidade de Paris. De fato, o experimento confirmou a violação das desigualdades de Bell. Portanto, o experimento confirmou definitivamente a não localidade quântica.

O experimento da Aspect usou um átomo de cálcio. Esse átomo foi induzido a gerar dois fótons, chamados "correlacionados" porque nasceram do mesmo evento. Os dois fótons, que chamamos de A e B, foram lançados em dois caminhos opostos.

Ao longo de um dos caminhos, digamos que do fóton A, um filtro específico foi inserido. Em 50% dos casos, o filtro pode deixar o fóton passando ileso, ou nos outros 50% dos casos, pode desviá-lo. A escolha foi aleatória.

Os dois fótons foram verificados no final de sua jornada. Bem, quando o fóton A foi desviado, o fóton B também imediatamente fez um desvio. Se o fóton A não foi desviado, o fóton B também não desviou. Considerando o tamanho de um fóton, até a distância de alguns metros em um laboratório pode ser considerada quase infinita. Como o fóton B, envolvido em um caminho em direção oposta, sabia que o fóton A estava acidentalmente sofrendo um desvio? Qual mediador transmitiu as informações do fóton A para o fóton B instantaneamente?

A resposta é óbvia. Os dois fótons estavam em condições de não localidade, portanto em um universo desprovido de espaço e tempo. Os dois fótons eram um com eles mesmos e com todo o universo; portanto, cada um dos dois sabia tudo sobre o outro, sem a necessidade de mediação de espaço ou tempo.

De fato, na não localidade, cada partícula do universo sabe tudo sobre todas as outras partículas, porque é uma coisa única com todos. Todas as partículas estão relacionadas porque vieram do mesmo evento, o Big Bang inicial.

Considerações de não localidade

A física quântica introduziu uma maneira diferente de ver o mundo e de interpretar a realidade. Infelizmente, ainda hoje acontece em muitos ambientes que a realidade do átomo é representada como bolas sólidas que circundam outras bolas sólidas.

Para profissionais e para todas as pessoas que desejam ser informadas, essa representação não tem credibilidade há muitas décadas. O princípio de exclusão de Pauli enunciado em 1925, o princípio da incerteza de Heisenberg enunciado em 1927, juntamente com o princípio de complementaridade de Bohr, a equação de Dirac formulada em 1928 e outros enunciados consolidaram novos conhecimentos sobre como as coisas funcionam no nível de partículas elementares. Hoje, a mesma "solidez" da matéria está sendo questionada, mesmo nas formas sólidas com as quais estamos familiarizados.

Além disso, Einstein, com a teoria da relatividade restrita, estabeleceu que a massa de qualquer objeto não passa de uma forma complexa de energia. $(E = mc^2)$

A verdadeira natureza de nossa realidade física é, acima de tudo, não local e é composta de campos de energia que, sob certas condições, podem assumir a aparência de partículas elementares. No experimento de fenda dupla, vimos o que acontece: antes de entrar em um estado preciso, a partícula é apenas uma onda de probabilidade.

Essas interações entre partículas e ondas de probabilidade geram um fluxo incessante de energia. Daí surge uma dinâmica na qual as partículas são criadas e destruídas, em um processo sem fim.

Espuma quântica

O emaranhado sugere a existência de relações ocultas sob as formas observáveis de matéria e energia. Esta instalação opera em localidade não. O físico John Archibald Wheeler chamou essa estrutura de "espuma quântica". O universo em um nível subatômico não é um conjunto de bolas que giram em torno um do outro. Por outro lado, no nível subatômico, existe uma realidade que chamamos de "vazia" porque não sabemos exatamente o que ela contém. O "vazio" é simplesmente uma figura retórica semelhante à escuridão: a escuridão serve para esconder os monstros que vivem lá. Não há escuridão sem monstros, ou seja, não há vazio sem conteúdo. Logicamente, o "vazio" se estende entre um "cheio" e outro "cheio", portanto, o vazio é capaz de dividir o "cheio". Se estivesse realmente vazio, os sólidos entre os quais se estenderiam se uniriam. O vácuo quântico não está vazio. É semelhante a um caldo fervente de partículas infinitamente menores que os prótons e elétrons. Essas partículas são geradas, dançam brevemente e se autodestruem bilhões e bilhões de vezes por segundo. Claro que estamos considerando tamanhos extremamente pequenos. As partículas existem e se movem no chamado "espaço de Planck", o menor espaço imaginável. Portanto, o termo "espuma quântica" é uma metáfora centrada.

Ondas esporádicas são formadas na espuma quântica composta de corpúsculos de energia e matéria. Essas ondulações mudam freneticamente seu estado com transições infinitas da energia para a matéria e vice-versa. São ondulações que não têm forma definida porque, como todas as partículas, podem ser representadas por ondas ou partículas. No entanto, eles têm a capacidade de serem percebidos por nós, a quem chamamos de "matéria".

No nível macroscópico, os átomos constituem os corpos sólidos de nossa realidade; no nível quântico, são ondas de probabilidade. Este é o grande mistério da física quântica e, finalmente, o mistério do universo.

Quando o astrônomo Laplace apresentou sua grande obra *"Mécanique Céleste"* a Napoleão Bonaparte sobre o funcionamento do universo, o imperador perguntou-lhe por que ele não havia mencionado a presença de Deus na criação. Laplace respondeu que não sentia a necessidade, porque todo o universo funcionava muito bem, mesmo sem Deus: se Laplace, que era certamente mais esperto do que muitos materialistas contemporâneos, tivesse vivido até hoje, ele teria mudado de idéia. .

De fato, ainda não entendemos absolutamente nada sobre o universo em que vivemos ou sobre nós mesmos.

As interações entre as partículas dão origem a estruturas estáveis, isto é, à matéria que forma nossa realidade macroscópica. Mas mesmo essa realidade não permanece estática. Todo o universo está envolvido em um movimento sem fim, uma dança cósmica incessante de energia. Em seu livro *"O Tao da Física"*, Fritjof Capra escreve assim:

"Os físicos chegaram a entender que todas as suas teorias dos fenômenos naturais, incluindo as leis que formulam, são criações da mente do homem; propriedade de nosso mapa conceitual da realidade, em vez de propriedade da própria realidade. Esse esquema conceitual é necessariamente limitado e aproximado, como todas as teorias científicas. Todos os fenômenos naturais estão interligados: para explicar qualquer fenômeno, precisamos entender todos os outros. Isso, é claro, é impossível. "

O potencial quântico

Em seu livro "Nada acontece por acidente", Robert Hopcke inclui o testemunho de Naomi. Essa garota havia sido apresentada a ele por um amigo familiarizado com o tipo de livro que Hopcke estava escrevendo.

"Na juventude, Naomi fazia parte de um grupo de pessoas muito próximas umas das outras. Em casa, um dia, enquanto contava episódios sobre o grupo antigo, um desses velhos amigos telefonou para ela para se reconectar. Encantada por ter retomado o contato de forma síncrona, Naomi interrompeu o que seria uma longa conversa e marcou uma consulta.

Na semana seguinte, eles se conheceram e, depois de trocarem as atualizações necessárias, começaram a falar sobre um amigo que havia morrido, um cara tão apreciado dentro do grupo que foi apelidado de "St. Chris". Como ela estava arrependida por não ter mantido contato com Chris durante os anos de sua vida, Naomi confessou à amiga que estava sonhando com Chris há algum tempo. Uma expressão de espanto foi desenhada no rosto de seu amigo: "Você também, hein?" ele disse, começando a contar seus sonhos sobre Chris, dos quais nunca havia falado com ninguém. Eles eram idênticos aos de Naomi. "

Hopke comenta esse testemunho expressando a sensação de que uma sincronicidade havia ativado um "campo" inconsciente. O campo inconsciente, da mesma maneira que um campo elétrico ou magnético, pode exercer sua influência sobre todos aqueles que estão dentro de sua faixa de ação.

Percebemos todo objeto sólido, incluindo outros seres vivos, como se eles fossem colocados em um espaço específico, distintos e separados de outros objetos ou seres vivos. Na física clássica, havia dois conceitos de espaço: o espaço como lugar ou posição de um objeto em relação a outro e o espaço como recipiente para todos os objetos. Einstein revolucionou esses dois conceitos.

> "Os objetos físicos, em vez de serem considerados no espaço, têm uma extensão no espaço como um" campo ". O conceito de espaço vazio perde seu significado ".

Einstein assumiu a existência de um campo de energia unificado. Essa energia primordial cria todas as formas de matéria. Portanto, tudo o que parece diferenciado e fragmentado é a manifestação de uma única energia original.

Na dimensão quântica, objetos sólidos se dissolvem em configurações de ondas de probabilidade e trocas de energia. Toda matéria é basicamente uma forma de energia, isto é, é composta de emissões de campos eletromagnéticos produzidos por átomos e seus núcleos atômicos. Os átomos trocam continuamente essa energia através de suas partículas elementares.

Mas o conceito de campo, que historicamente significava o alcance da ação de uma força física como a gravidade ou o eletromagnetismo, também deve ser estendido ao plano metafísico. É necessário inserir outra ordem de idéias. Tudo no universo "enredado" se estende como um "campo" em todo o espaço. O campo físico é um espaço restrito pelos limites de ação de uma força física. Em vez disso, o campo quântico deve ser entendido como o fundo psíquico da totalidade.

O campo quântico é global: possibilita que tudo interaja com qualquer outra coisa, em qualquer espaço e a qualquer momento.

Segundo Ervin Laszlo, os homens da antiguidade sabiam que o espaço não é vazio, mas é a origem e a memória de tudo o que existe e sempre existiu.

Essa verdade foi redescoberta por Carl Jung com o conceito psíquico de inconsciente coletivo e agora está sendo redescoberta por uma ciência mais avançada com o conceito de campo quântico. O campo quântico está se estabelecendo como um dos pilares do mundo científico atual. Isso mudará profundamente o conceito que temos de nós mesmos e do mundo.

Carlo Rubbia, vencedor do prêmio Nobel de física em 1984, mostrou que apenas a bilionésima parte do universo existente é feita de matéria perceptível como tal. Todo o resto é energia.

A matéria é submetida a forças interativas de energia de acordo com a razão entre massa e energia, que é de um a um bilhão (1 de 9.746 x 10^9).

Esta é uma conclusão fundamental, porque destaca o papel absolutamente insignificante da matéria em comparação com o papel predominante da energia. Se observamos apenas a matéria, de fato observamos apenas a bilionésima parte da realidade. Entrando em detalhes, devemos concluir que a questão que compõe um homem é apenas um bilionésimo de seu potencial energético. Um ser biológico percebe estímulos materiais externos em uma quantidade absolutamente insignificante em comparação com estímulos não materiais. No entanto, a importância que damos aos estímulos da matéria é absolutamente preponderante em relação à importância que eles atribuem aos estímulos energéticos, psíquicos e, acima de tudo, informativos.

Em um universo interconectado, onde cada partícula do nosso corpo é unida ao todo, recebemos imensas quantidades de informações que normalmente ignoramos ou negligenciamos. Entre elas, certamente existem sincronicidades, isto é, a sabedoria do universo que se comunica tanto com os indivíduos quanto com os povos e todas as formas inteligentes do universo. Jung acreditava que:

"Fazemos parte de uma" memória coletiva "à qual todos recorremos. Inconscientemente, estamos todos conectados com tudo o mais e com todos os outros seres ... "

O potencial quântico de acordo com David Bohm

Esclarecer o conceito do campo quântico nos permite retornar a David Bohm, que nos resta enquanto observamos o movimento dos elétrons no plasma.

É claro que Bohm também estava muito interessado em física quântica; de fato, em 1951, ele escreveu um livro, *Quantum Theory*, que se tornou o texto mais usado em cursos de física. Aparentemente, o livro apoiou as teses da Escola de Copenhague, que estava em seu período de maior sucesso, apesar das disputas de Einstein. De fato, no entanto, Bohm também tinha as mesmas dúvidas que o cientista suíço. Como Einstein, Bohm também acreditava que a não localidade da física quântica se devia ao fato de algum valor importante ter sido negligenciado nas equações. Ele estava convencido de que encontrar esse valor traria a física quântica de volta às ciências deterministas.

O problema poderia ter sido resolvido encontrando a famosa variável ausente. Bohm acreditava ter encontrado a variável que faltava quando introduziu um novo valor, o "potencial quântico", nos cálculos. Esse valor é inspirado no vácuo quântico que, lembre-se, não pode estar vazio. O "campo quântico" é um conceito com um sabor vagamente metafísico. Pelo contrário, o potencial quântico, embora represente a mesma coisa, o faz do ponto de vista físico. O potencial quântico também é chamado de campo do ponto zero.

A existência do campo do ponto zero foi demonstrada a partir de uma famosa intuição "culinária" do cientista holandês Hendrick Casimir, que, em 1948, se perguntou por que a maionese se movia com tão pouca fluidez. Era o momento em que ele estudava fluidos viscosos, então a pergunta o envolveu profissionalmente.

A solução que ele encontrou e que recebeu o nome de efeito Casimir consiste na força de atratividade que é exercida entre dois objetos, como duas placas paralelas. Essa força se deve precisamente à presença do campo quântico de ponto zero. Casimir concluiu que o campo quântico existe e se origina da energia de vácuo determinada por partículas virtuais criadas continuamente devido ao efeito das flutuações quânticas, conforme previsto pelo princípio da incerteza de Heisenberg. As flutuações quânticas do vácuo exercem uma forma de "freio" no fluxo de fluidos. Sua teoria foi confirmada experimentalmente em 1996 por Steven Lamoreaux na Universidade de Washington em Seattle.

Bohm imaginou que o vácuo quântico previsto por Casimir fosse preenchido com um valor que ele chamou de "potencial quântico". Ou seja, de acordo com Bohm, o potencial quântico surge na criação espontânea e tumultuada de partículas virtuais e sua aniquilação imediata.

Segundo Bohm, as partículas elementares são "guiadas" pelo potencial quântico que atua como uma força que permeia o todo. Consequentemente, as partículas não se comportam de maneira não local probabilística, mas o guia do potencial quântico introduz o componente determinístico nos cálculos. A ação do potencial quântico seria a variável oculta invocada por Einstein.

Alguém poderia pensar que Bohm eliminou o componente "mágico" da física quântica. De fato, esse não é o caso por duas razões. A primeira é que a presença do potencial quântico nunca foi demonstrada. A segunda é que, se alguma vez fosse, o mesmo potencial quântico expressaria uma força agindo em todo o universo com características absolutamente não locais, portanto, tão "mágicas".

De fato, dizer que as partículas subatômicas estão sujeitas às forças psíquicas do inconsciente coletivo ou dizer que elas estão sujeitas ao potencial quântico, pois os propósitos do resultado são como dizer a mesma coisa.

Bohm explica a ação do potencial quântico com várias metáforas, incluindo a do navio. Imagine um grande navio indo para o porto. A "massa material" do navio é movida pelos motores que fornecem o impulso necessário para avançar na água.

Mas isso não é suficiente para pousar. O navio precisa ser manobrado para ir até o porto desejado e depois parar no cais sem causar acidentes. Este resultado será obtido graças aos sinais emitidos por um radar. A potência dos motores libera uma energia decididamente mais alta que a emitida pelo radar; no entanto, o segundo é absolutamente essencial para obter um pouso bem localizado e livre de acidentes catastróficos. No exemplo, a nave pode ser equiparada a um elétron que segue um determinado caminho. O potencial quântico representa o sinal do radar que contém todas as informações necessárias e o guia com precisão

Praticamente, de acordo com Bohm, no experimento de dupla fenda, os fótons mostram sua própria inteligência porque são informados de maneira não local pelo potencial quântico que impulsiona o fóton e por um radar que dirige um navio.

Como resultado, os fótons e as partículas em geral agem em sincronia com o potencial quântico desconhecido no mundo macroscópico em que vivemos, mas existe e é eficaz em um nível invisível. O mundo macroscópico governado pela causalidade é acoplado ao mundo quântico governado pela não localidade.

Existe apenas uma grande diferença substancial entre um potencial físico, por exemplo, eletromagnetismo e o potencial quântico. O primeiro é mais eficaz e intenso quanto mais próximo, e diminui com o aumento da distância. O segundo não depende da intensidade, mas é dito que depende da "forma", portanto mantém sua eficácia a qualquer distância e em todos os momentos.

Como resultado do potencial quântico, todas as partículas do universo estão tão intimamente conectadas que podem ser consideradas como uma, não importando a que distância estejam. O conceito de não localidade exclui qualquer fragmentação entre "coisas".

Vale lembrar que o mundo macroscópico é composto de bilhões de partículas microscópicas, para que possamos considerar que o mundo das coisas ao nosso redor também é guiado por um campo de forma que direciona o comportamento da matéria de acordo com certos procedimentos.

Ordem implícita e ordem explícita

Bohm resolveu o problema da natureza dupla dos elétrons, imaginando-os como entidades dinâmicas. Segundo Bohm, o elétron é uma onda que entra em colapso no universo até assumir a aparência de uma partícula. Imediatamente após essa partícula se expandir para o exterior do universo até assumir a aparência de uma onda. Então Bohm explica o dualismo onda-partícula propondo um processo composto de flutuações que se repetem bilhões de vezes a cada segundo. Bohm escreveu assim:

> "Proponho que a realidade fundamental é um processo de fechamento e abertura, e as partículas são apenas uma abstração desse processo. Poderíamos imaginar o elétron não como uma partícula que existe continuamente, mas como algo que entra e sai e que entra novamente. Se essas flutuações são muito próximas no tempo, elas podem representar um traço. O próprio elétron nunca pode ser separado da totalidade do espaço".

Nesse contexto, segundo Bohm, o espaço surge da média de uma série de fenômenos dinâmicos complexos, aparentemente caóticos, mas realmente organizados em uma espécie de "pré-espaço". Com base nessas premissas, ele formulou a teoria chamada "ordem implícita e ordem explícita".

A teoria é exposta em seu livro *"Universo, mente e matéria"*. Bohm teoriza que existe uma ordem explícita no universo, que percebemos porque é o resultado da interpretação criada por nosso cérebro quando recebe estímulos de nossos sentidos. No entanto, a ordem explícita vem da complexidade da ordem implícita, que não conseguimos perceber. Embora oculta, a ordem implícita governa a ordem realizada em todo o universo. A diferença é que a ordem explícita pode ser percebida por nós, porque representa um universo feito de objetos fragmentados em sua individualidade, que pode ser colocado individualmente em um contexto espacial e temporal. Em vez disso, a ordem implícita não é perceptível aos nossos sentidos, porque representa uma força que precede a matéria. É uma força que vem do "pré-espaço" e opera na totalidade do universo sem limites de espaço e tempo. O universo implícita é um refinamento do conceito de potencial quântico, que por sua vez é a versão física do conceito psíquico de inconsciente coletivo.

Para definir melhor o conceito de ordem implícita, Bohm o compara a um holograma. Como é sabido, nos hologramas, cada parte é identificada com o todo. Ao dividir uma imagem holográfica em mil partes, você continuará vendo a imagem inteira em cada uma dessas partes. Portanto, em um holograma, o princípio da localidade é falso porque não há partes únicas da figura, mas apenas a figura em sua totalidade existe.

Houve um problema com essa semelhança: normalmente o holograma se refere a uma imagem estática. Em vez disso, Bohm acreditava que o universo era uma realidade dinâmica. Então, ele preferiu descrever o universo usando uma figura original, um "holograma dinâmico", ao qual deu o nome de "holomovimento"

O holomovimento é o universo bohmiano: é semelhante a um holograma, mas possui propriedades dinâmicas.

Bohm usou a experiência adquirida no estudo de plasmas. Ele sentiu a presença de uma ordem oculta no movimento de elétrons dentro do plasma. Do mesmo modo, ele imagina que, no holomovimento, as partículas não se movem caoticamente. Segundo Bohm, no holomovimento, as partículas seguem linhas de força comparáveis às forças eletromagnéticas ou gravitacionais. No entanto, não são linhas de força relacionadas à física, mas são psíquicas, porque sua ação não é delimitada pelo tempo e pelo espaço.

O conjunto dessas linhas de força, ordenadas e não caóticas, compõem a ordem inteligente do universo implícita. O movimento coordenado e inteligente expresso pela ordem implícita não é visível, mas gera as informações que orientam qualquer evento na ordem explícita. A ordem implicada contém a motivação mística da ordem explícita.

Bohm acredita que a ordem implicada deve ser estendida a uma realidade multidimensional. Em outras palavras, o holomovimento envolve e desdobra-se em dimensões infinitas. Portanto, de acordo com Bohm, toda ordem implícita vem de uma ordem implícita mais profunda. Os níveis de ordem envolvidos podem ir cada vez mais fundo, até o extremo desconhecido.

Obviamente, a realidade como a percebemos, isto é, o mundo material como ele se manifesta, representa a ordem explícita. Portanto, as coisas observáveis e mensuráveis na ordem explícita são inteiramente dependentes das instruções da ordem implicada.

A teoria de Bohm encontra ampla ressonância na teoria da sincronicidade, freqüentemente composta de fenômenos aparentemente sem uma conexão racional.

De fato, os fenômenos sincrônicos estão conectados a um design coerente vindo do nível implicado, onde esses eventos fazem parte de um design geral. A teoria da sincronicidade, completada pela teoria da ordem implicada, permite reler fatos aparentemente negativos. Esses fatos, em uma visão mais geral, podem perder a negatividade.

Hopcke relata dois casos que explicam muito bem essa afirmação.

O primeiro caso diz respeito a Sam. Ele sempre teve uma vocação musical, mas, para os eventos da vida, se viu trabalhando como contador. Um dia, devido a problemas nos negócios, Sam foi demitido. A perda de seu emprego o entristeceu bastante e Sam procurou consolo na igreja em sua área. Aqui, porém, ele soube que a própria igreja havia recebido uma grande doação pela qual havia iniciado um programa de música. Sam se ofereceu para dirigir o programa e conseguiu o emprego. Dessa forma, ele teve a oportunidade de se dedicar profissionalmente à atividade que sempre desejara.

O segundo caso é o de uma garota que brigou com o pai sobre a escolha da universidade e imediatamente decidiu sair de casa para se mudar para outra cidade onde poderia ter frequentado sua faculdade favorita. No mesmo dia em que a menina se estabeleceu na nova residência com outros estudantes, um jovem da mesma cidade sofreu um acidente de viação e foi hospitalizado. No período seguinte, a menina teve dificuldades econômicas e tentou suprir as necessidades com tarefas ocasionais. Em algum momento, alguns amigos disseram a ela que uma empresa na área estava procurando uma pessoa para substituir um funcionário que, devido a um acidente, não conseguiu voltar ao trabalho. A garota se apresentou e descobriu que tinha exatamente as características específicas necessárias para ser contratada no trabalho. Ela havia adquirido essas habilidades ao colaborar nos negócios da família. Dessa forma, a menina resolveu seus problemas econômicos e conseguiu concluir seus estudos.

Em um universo marcado pela ordem implicada, acontece com muita frequência que eventos desconectados logicamente podem convergir em situações coerentes e configurar soluções inesperadas e originais.

Portanto, em um universo guiado pela ordem implicada, os eventos não devem ser considerados independentes, mas como fragmentos de um design mais complexo. O universo implicada não é um arquipélago de ilhas separadas, mas um continente globalmente interconectado.

A teoria da ordem implicada sugere uma visão psicóide, ou até holística, do cosmos: tudo se conecta a tudo o mais; de fato, tudo é tudo. Se dividíssemos esse cosmos em mil partes, cada parte continuaria a conter informações detalhadas uma sobre a outra, assim como duas partículas fisicamente separadas na imensidão ainda permanecem uma coisa, como confirmado pelo emaranhamento quântico.

A conclusão óbvia à qual Bohmian estuda o potencial quântico e o universo envolvido é que, na realidade, o universo inteiro é "Um"

Tabela cronológica quântica

14 bln años Big Bang

Constantes universales

Creando estrellas y planetas.

Nacimiento y difusión de carbono

4.5 años de bln Nacimiento del planeta Tierra

65 millones de años. Extinciones masivas seleccionan mamíferos

2-4 millones de años. La selección premia al homo sapiens

5000 a.C. Concepto Soul of the World

300 a.C. Platón y neoplatónicos

1530 Jerome Fracastoro y la Simpatia rerum

1600 Jordan Bruno De Universi mundi

1900 Carl Jung. Visión positiva del inconsciente

Teoría del inconsciente colectivo

Los arquetipos

Lo Psicoide

1920 Bohr y la Escuela de Copenhague

1927 Heisemberg Principio de indeterminación

1927 Principio Complementario Bohr

1943 Bohm y los plasmas

1950 Jung y la teoría de la sincronicidad

1955 Interpretación de Copenhague

1960 Experimento de doble hendidura.

1973 Brandon Carter enuncia el principio antropogénico

1983 Confirmación final del enredo

2000 Papel de observador.

Sincronicidade de pandemias

Desde que foi relegado ao inconsciente, do qual foi gerado, o animal em nós se torna mais bestial. Quando atinge a superfície, o animal reprimido explode em sua forma mais selvagem e seu processo de autodestruição leva ao suicídio universal".
(Psiquiatra, psicanalista e antropólogo
de Carl Gustav Jung)

No contexto de um universo configurável como "Unus mundus", governado por uma estratégia elaborada no nível implicado, nenhum evento é irrelevante. Tudo o que acontece está conectado sincronicamente a um grande projeto, que tende a guiar o homem para os estágios evolutivos mais complexos.

Os fatos fluem em nosso tempo muito rapidamente para que possamos examiná-los em todas as suas facetas. Na maioria dos casos, seu significado "implicado" adquire um significado se todos esses fatos são atribuíveis à nossa experiência, mesmo que estejam distantes no tempo e no espaço. No entanto, quando os fatos "implicam" também pessoas e situações desconhecidas para a nossa experiência, não podemos interpretá-las sincronicamente. De fato, somos incapazes de estabelecer conexões lógicas com experiências completamente estranhas. Nesses casos, as coincidências não nos parecem significativas.

O caso narrado anteriormente, em que uma garota em dificuldades financeiras por ter deixado a casa do pai recebe o emprego deixado pelo jovem que sofreu um acidente, só se torna significativo se um observador externo conectar os dois fatos. Se o jovem que sofreu o acidente quisesse buscar um significado sincrônico em sua história, ele não o teria encontrado.

Devemos estar cientes de que, mesmo que o homem fosse o umbigo do mundo, nenhuma pessoa é individualmente. Atribuímos um significado sincrônico às coincidências que Jung define como "significativas", isto é, àquelas que nos interessam pessoalmente. Qualquer outro evento, que normalmente consideramos "não significativo", certamente não é assim na economia geral dos assuntos humanos.

Se aceitamos a teoria de "tudo é Um", devemos aceitar a possibilidade de estarmos envolvidos em algumas sincronicidades nas quais nosso papel é tão marginal que é impossível decifrá-lo em um nível pessoal.

Segue-se que qualquer evento, no contexto "implicado" da realidade, participa de um evento sincrônico.

Para decifrar essas sincronicidades, podemos assumir o papel de observadores externos e tentar vincular significativamente alguns eventos que não nos envolvem diretamente no nível pessoal. Dessa maneira, podemos decifrar, no enredo da história, sincronicidades que podem envolver áreas mais complexas da humanidade, de um grupo de amigos a um povo inteiro, até toda a raça humana.

Ao fazer isso, não devemos superestimar nossa capacidade analítica. Nunca seremos capazes de identificar uma sincronicidade muito dispersa no tempo e no espaço, porque na maioria dos casos não temos o conhecimento histórico e geográfico, nem as ferramentas necessárias para uma análise antropológica, sociológica, estatística ou outra análise semelhante.

No entanto, usando os métodos descritos no caso das sincronicidades culturais de Cambray, podemos considerar eventos caracterizados por duas características. Antes de tudo, esses eventos devem estar localizados em uma parte significativa do tempo, identificável no chamado "momento certo". Em segundo lugar, deve haver uma série de eventos conectados entre si, não de uma maneira estritamente causal, mas logicamente significativa. Seu conteúdo deve ter semelhanças tipológicas, mas, ao mesmo tempo, deve se manifestar em lugares diferentes e provir de situações diferentes.

Essas ferramentas analíticas permitiram que muitos construíssem teses catastróficas. Por exemplo, o notável aumento de terremotos registrado nas últimas décadas certamente pode se enquadrar nos tipos que acabamos de descrever.

Este livro não tem propósitos catastróficos, pelo contrário, definitivamente os nega. Não há dúvida de que o aumento dos terremotos pode ser configurado como um evento sincrônico, cujo objetivo, no entanto, não é ameaçar a humanidade ou prever o fim do mundo. Tudo o que argumentei neste livro, da maneira como o

Big Bang ocorreu, ao princípio antrópico, às sincronicidades que favoreceram o desenvolvimento da civilização em um crescimento positivo da era do metal até hoje, revela a presença de uma vontade. quem quer guiar a vida inteligente para as alturas máximas alcançáveis. Nesse sentido, tudo deve ser visto como pedagogia, guia, correção e encorajamento, nunca como profecia de uma catástrofe final.

Este livro nasceu no auge da pandemia viral de Covid-19, com o objetivo de identificar nesta e nas pandemias anteriores um design pedagógico que nasceu do espírito do mundo, isto é, da inteligência que habita a não localidade do vácuo quântico.

Epidemias e pandemias no período pré-científico

A epidemia indica um evento infeccioso que afeta um grande número de pessoas concentradas na mesma área geográfica. Se a epidemia se espalhar para outros países ou continentes e afetar um número considerável de pessoas, é mais corretamente definida com o termo pandemia.

No terceiro capítulo, mencionei o caso de Girolamo Fracastoro. Em 1530, ele descreveu algumas formas infecciosas que ele chamou de "seminaria morbi", que são "disseminadoras de doenças". Foi uma das primeiras idéias sobre a presença de seres microscópicos malignos. Em toda a literatura da antiguidade nunca houve relatos de doenças estranhas capazes de infectar grandes grupos de pessoas.

Homer inicia a Ilíada precisamente com a narração detalhada de como uma epidemia foi tratada no campo dos gregos, onde os restos das vítimas da peste foram abandonados e se tornaram "uma refeição horrível para cães e pássaros".

Aquiles convoca uma assembléia para descobrir a causa da praga que assola o campo da Acaia. O adivinho Calcante revela que a praga foi desencadeada por Apolo para vingar a ofensa causada a Crise, seu padre. Crise se voltou para os líderes do exército grego, que mantinham sua filha Chrysides prisioneira. Ele havia oferecido um resgate para libertar sua filha. No entanto, o chefe dos gregos, Agamenon, o expulsara do campo.

A narração continua explicando que a libertação de Chrysides pôs fim à praga, uma hipótese bastante improvável à luz do conhecimento de hoje.

A praga de Atenas

Entre os muitos episódios de doenças misteriosas que mudaram o curso dos acontecimentos, é possível lembrar a chamada "praga de Atenas".

O nome deve ser revisado, pois em 2005 foi possível identificar uma causa mais precisa. Ao examinar o DNA extraído de três dentes recuperados no antigo cemitério ateniense de Ceramico, foram encontradas bactérias patogênicas da febre tifóide. Então não foi uma praga

A chamada praga atingiu Atenas durante a guerra do Peloponeso, em 430 aC. A cidade foi sitiada, então os historiadores acreditam que a infecção pode ter entrado na cidade através do porto de Pireu, que era a única fonte de suprimentos.

A guerra foi travada por Esparta e seus aliados, que tinham uma economia quase total da terra, contra Atenas, que predominava sobre o mar. Esparta tinha um exército terrestre praticamente imbatível, com o qual sitiava Atenas. Os atenienses se refugiaram nas muralhas da cidade, mas podiam ser abastecidos pelo mar.

Infelizmente, por causa do cerco, todas as pessoas do campo se refugiaram na cidade, como resultado Atenas estava superlotada. A superlotação causou problemas significativos de higiene e dificuldades no suprimento de alimentos para todos.

A promiscuidade e o afluxo de refugiados, além da escassez de comida e água, levaram ao acúmulo de resíduos com enorme proliferação de camundongos, moscas, mosquitos e piolhos. Sob essas condições, teria sido estranho que nenhuma doença tivesse se desenvolvido. Então aconteceu. Péricles e sua família também foram afetados e perderam a vida.

Um historiador da época, Tucídides, considerado o primeiro historiador científico, afirma que a epidemia começou na Etiópia, passou pelo Egito e Líbia e acabou chegando também ao porto de Pireu. Segundo Tucídides, a epidemia era tão séria e mortal que ninguém conseguia se lembrar de outro como ele. Sendo uma doença desconhecida, os médicos também foram afetados e morreram. Na cidade sitiada e superlotada, a epidemia matou um terço a dois terços da população.

Os atacantes espartanos, com medo do desenvolvimento da doença dentro dos muros, tinham medo de serem infectados e desistiram do cerco.

Antes do teste de DNA realizado nos três dentes, muitas hipóteses foram feitas sobre o tipo de doença. Tradicionalmente, era considerada uma peste bubônica, mas muitas hipóteses alternativas foram avançadas, incluindo também varíola e sarampo.

Existem muitos outros episódios de doenças epidêmicas que afetaram populações no período anterior à Idade Média, sem que fosse possível reconstruir exatamente sua causa.

A Praga de Galeno

A praga de Galen, assim chamada pelo médico que descreveu a doença, espalhou-se no império de Roma entre 165 e 180. Parece ter começado durante o cerco de Seleucia pelas tropas romanas na campanha contra os Partos.

A volta dos soldados espalharia a epidemia por todo o império. O mesmo imperador Lucius Verus, organizador da campanha, foi atingido pela praga em 169 e morreu. O patronímico de Lúcio Vero,

Antonino, acabou dando à doença o nome alternativo de *praga Antonina*.

Galen descreve a praga como duradoura. Os sintomas incluem febre, diarréia, inflamação da faringe e erupções cutâneas que apareceram por volta do nono dia. Com base nessas descrições, não é possível entender qual era a doença. Durou em fases alternativas por cerca de 30 anos. Nos períodos de maior virulência, causou até 2000 mortes por dia somente na cidade de Roma.

Caffa, ou a prática que precede a teoria.

Todos os visitantes do subúrbio de Pila, na cidade de Gênova, certamente terão entrado pela Via Caffa ou pela Via Teodosia. São duas estradas que se cruzam e lembram uma colônia genovesa, indiferentemente identificável com um dos dois nomes.

Teodósia foi fundada por colonos gregos de Mileto no século VI aC. Como o resto da Crimeia, foi conquistada pelos mongóis por volta de 1230.

Segundo o historiador Wilhelm von Heyd, em 1266 Mengu Temur, líder mongol e Khan da Horda Dourada, vendeu algumas terras e aglomerações urbanas relacionadas, localizadas na Crimeia de hoje, aos comerciantes genoveses. Este descendente de Genghis Khan concedeu aos genoveses a licença para poder construir casas e armazéns para os bens. Os genoveses escolheram construir perto do local da antiga cidade de Teodósia, particularmente em Kafà. Era uma pequena vila de pescadores, mas tinha uma excelente localização costeira.

Assim, no território de Theodosia, na área de Kafà, a cidade de Caffa nasceu para servir o comércio de Gênova que passava pela região.

Os mongóis, depois de venderem esses territórios, não desistiram da idéia de recuperá-los à força. Em maio de 1308, após oito meses de cerco conduzido por Khan Tokta, os genoveses incendiaram a cidade de Caffa para não deixá-la intacta ao sitiante, depois fugiram para o mar. Posteriormente, os habitantes retornaram, mas não tiveram paz e sofreram outros cercos.

A cidade de Caffa ganhou grande fama por ser o primeiro protagonista de uma guerra biológica, segundo o historiador francês Michel Balard:

"A primeira guerra biológica nasceu entre 1346 e 1347 sob os muros de uma colônia genovesa às margens do Mar Negro".

O Khan Ganī Bek assumiu o poder depois de matar dois de seus irmãos, incluindo o legítimo herdeiro. Ele foi particularmente atraído pela cidade de Caffa e tentou várias vezes conquistá-la. A primeira vez, em 1343, sitiou a cidade com um exército imponente. Infelizmente para ele, ele teve que se aposentar após um ano e depois de abandonar 15.000 mongóis mortos sob os muros da cidade. No entanto, ele não desistiu do empreendimento e voltou a sitiar em 1345

Mais uma vez, as coisas não deram certo para ele. Suas tropas foram atingidas pela peste negra. Então o Khan teve uma idéia brilhante: ele começou a atirar os cadáveres de seus homens que morreram de peste nas paredes genovesas com catapultas.

Os habitantes de Caffa correram para lançar imediatamente aqueles cadáveres infectados de volta ao mar. Isso permitiu que a cidade durasse um minuto a mais que Khan Ganī Bek. À medida que a praga progredia, espalhou-se com maior força entre os sitiantes e, após algumas semanas, o Khan se retirou.

Infelizmente, a história não terminou assim. Essa guerra bacteriológica primitiva desencadeou um terrível contágio além da cidade de Caffa. As pulgas e Yersinia pestis seguiram os comerciantes genoveses que partiram de Caffa em direção ao oeste, e um terço da população européia será derrubado pela pandemia de peste negra.

Vírus e bactérias

As epidemias narradas ou documentadas nos tempos históricos pré-modernos são esporádicas e muito diluídas ao longo do tempo. Por outro lado, no século passado, testemunhamos uma verdadeira explosão de episódios epidêmicos e também conseguimos identificar com precisão os principais culpados, bactérias e vírus

Também fomos capazes de reconstruir as cadeias de contágios, chegando a conclusões muito documentadas sobre sua origem. De fato, de acordo com aquisições científicas, a maioria das epidemias se deve a bactérias ou vírus transmitidos ao homem por animais. Além disso, foi estabelecido que as epidemias e pandemias que assolaram a humanidade nas últimas décadas são principalmente de origem viral.

Até o final de 1900, os vírus ainda eram desconhecidos, embora sua presença fosse percebida. Pasteur descobriu a vacina contra a raiva, mas nunca viu o Lyssavirus que a causa. Infelizmente, os vírus não são visíveis através de microscópios ópticos, que podem ser usados apenas para observar bactérias. Geralmente, um vírus só pode ser visto com um microscópio eletrônico. Por esse motivo, os efeitos de vírus como raiva, varíola e sarampo são conhecidos há séculos, mas ninguém sabia a causa.

O termo vírus é uma palavra latina que originalmente significava veneno. Quase todos os textos explicam que, em 1840, o anatomista alemão Jakob Henle levantou a hipótese da existência de partículas nocivas muito pequenas para serem vistas ao microscópio. Todos esses textos esquecem a intuição de Girolamo Fracastoro sobre "seminaria morbi", que remonta a 1530.

Os primeiros experimentos modernos sobre esses patógenos invisíveis foram realizados entre 1870 e 1880 por Robert Kock, um estudante de Henle na Universidade de Göttingen. Ele foi capaz de identificar os micróbios que transportam antraz, tuberculose e cólera.

No final do século, desenvolveu-se uma revolução conceitual que libertava a medicina do setor de antigas crenças relacionadas a miasmas e vapores ambientais, desequilíbrios de humor, podridão contagiosa ou até mágica. Nesse período, a diferença entre vírus e bactérias foi estabelecida. As bactérias são cem vezes maiores que os vírus, portanto são visíveis ao microscópio óptico. As bactérias podem ser cultivadas em laboratório em uma "placa de Petri" clássica, consistindo de um substrato de ágar rico em nutrientes.

Os vírus, por outro lado, não podem ser cultivados dessa maneira porque não crescem em um caldo de cultura. Eles só podem se replicar dentro de uma célula viva.

Em 1890, Dmitry Ivanovsky, um botânico e biólogo russo, estudando as doenças do tabaco, identificou o patógeno responsável por uma estranha infecção que produzia manchas semelhantes a um mosaico nas folhas das plantas, que depois morreram.

Esse patógeno foi definitivamente classificado como "vírus" em 1898 pelo botânico holandês Martinus Beijerinck. Usando experimentos de filtragem em folhas de tabaco infectadas, Beijerinck conseguiu demonstrar que o mosaico de tabaco é causado por um agente infeccioso menor que o de uma bactéria. A doença do tabaco foi chamada de TMV (vírus do mosaico do tabaco).

Hoje, no campo agrícola, existem dezenas de vírus marcados com siglas semelhantes, como o vírus CMV ou pepino, que afeta muitas outras plantas hortícolas, principalmente os tomates.

Na verdade, Beijerinck achou que o patógeno era um líquido e o classificou como "contagium vivum fluidum".

Somente após a invenção do microscópio eletrônico, que ocorreu por volta de 1930, os vírus se tornaram visíveis e mostraram sua verdadeira constituição. Sob lentes apropriadas, elas parecem semelhantes a partículas sólidas de várias formas, desde as arredondadas às cilíndricas ou de vareta, até as formas que lembram as naves espaciais ou as figuras irreais de Escher.

Um vírus de formato redondo tem um diâmetro variando de 15 a 300 nanômetros, ou milionésimos de milímetro. O genoma de um vírus é simplificado ao máximo e serve apenas para permitir uma vida parasitária. Ele contém de dois mil a um milhão de nucleotídeos: o vírus da gripe contém treze mil e o da SARS trinta mil. Como comparação, podemos considerar o genoma de um mouse que contém cerca de três bilhões deles.

Felizmente, os vírus que afetam as plantas são completamente ineficazes contra os organismos animais. Infelizmente, no entanto, existem centenas, senão milhares, de outras cepas virais capazes de infectar as espécies animais, incluindo seres humanos.

O primeiro vírus animal descoberto foi o da febre aftosa, que afeta seriamente bovinos e suínos. Os animais fechados nas fazendas o transmitem com muita facilidade e, quando isso ocorre, toda a população do celeiro deve ser morta.

Após a febre aftosa, muitas variedades de vírus responsáveis por doenças humanas começaram a ser descobertas, cujas causas não eram possíveis até então.

O primeiro vírus capaz de afetar os seres humanos foi descoberto em 1901, e foi o da febre amarela.

Hoje sabemos que muitas doenças como sarampo, catapora, varíola, caxumba, paralisia infantil, encefalite, febre amarela, raiva, dengue e, por último mas não menos importante, gripe sazonal são causadas desses organismos microscópicos.

Embora os vírus sejam os últimos organismos descobertos, calcula-se que eles sejam a entidade biológica mais abundante na Terra. Nada mal, considerando que nem sabemos se são seres vivos ou não.

Alguns biólogos as consideram formas de vida, pois possuem material genético, se reproduzem e evoluem através da seleção natural. Outros, no entanto, acreditam que essas características não são suficientes para considerá-las formas vivas, porque carecem de algumas características importantes, como estrutura celular e metabolismo.

Como resultado, os vírus são frequentemente descritos solomonicamente como "organismos à margem da vida".

De fato, se deles é vida, é uma vida muito ruim. Seu único objetivo é se reproduzir às custas dos outros.

De fato, um vírus só precisa resolver quatro problemas ao longo de sua existência. Como penetrar no corpo de um hóspede, como entrar em uma célula, como assumir o controle dessa célula para se replicar e como sair de um hóspede para passar para outro.

Quanto às curas, existe apenas uma cura eficaz para um vírus, e é a vacina. Todos os tratamentos com medicamentos são auxiliares, no sentido de que servem para aliviar os sintomas do mal, mas não o curam. As vacinas têm uma grande falha: são muito caras e muito lentas. No passado, aconteceu que algumas empresas farmacêuticas, depois de gastar grandes quantias para fazer uma vacina, tiveram que abandonar o estudo com grandes perdas, porque a epidemia desapareceu por conta própria. O maior problema na produção de uma vacina é que deve ser evitado que cause mais danos à doença. Isso requer testes de laboratório, seguidos de testes em animais e, finalmente, testes em voluntários humanos. Em qualquer caso, normalmente, são necessários de dois a quatro anos para fazer uma vacina.

O "Spillover"

Muitas vezes, as epidemias são causadas por alguns vírus presentes há centenas ou milhares de anos em um animal que o tolera sem problemas. Esses animais são chamados de "animais de tanque". De repente, ocorre a propagação: o vírus, que normalmente permaneceu confinado a esse animal específico, consegue dar um salto nas espécies e infectar um homem. O evento é muito raro, mas é suficiente para um único homem ser infectado. Será então esse homem que infectará mais dois, e estes infectarão outros quatro, e depois outros oito, e assim por diante, exponencialmente, até atingir números na casa dos milhões.

Todos os dias ouvimos elogios ao progresso da ciência médica e, portanto, esperamos ter disponível o tratamento contra todas as doenças e todos os patógenos. Não é assim. Ainda existe uma infinidade de patologias incuráveis, a maioria delas de origem viral. Há uma grande chance de um vírus desconhecido emergir repentinamente como se fosse do nada e se tornar portador de doenças horríveis e incuráveis. Nas últimas décadas, ocorreram epidemias em grande número que infectaram centenas de milhares de pessoas, infelizmente matando muitas delas.

Outras infecções virais causaram um número "limitado" de vítimas e depois desapareceram, mas não foram erradicadas e uma vacina não foi descoberta para combatê-las. De fato, essas formas epidêmicas estão simplesmente inativas. Esses patógenos são ameaças prontas para despertar e explodir com um poder inegável, assim que as condições forem favoráveis.Não podemos prever condições favoráveis ao despertar de uma infecção viral adormecida.

Em sua prática, os médicos observam que dois indivíduos, aparentemente semelhantes do ponto de vista das condições de saúde, podem ser infectados de uma maneira totalmente diferente. A recente epidemia de Covid-19 causou mais de 30.000 mortes na Itália, mas pode ter havido milhões de pessoas infectadas. Destes, um percentual superior a 90% nem percebeu os sintomas da infecção. Por outro lado, em algumas áreas, milhares de hospitalizações foram registradas em outras áreas onde o vírus parece não ter passado.

Não se pode dizer que nenhuma das epidemias recentes tenha sido resolvida: mesmo as aparentemente adormecidas poderiam acordar a qualquer momento em qualquer parte do mundo. Muitas epidemias foram descobertas acidentalmente por pessoal médico culturalmente predisposto, depois de infectar algumas dezenas de pessoas. Provavelmente, para muitas outras epidemias, sua existência nem foi notada, apesar de ter causado dezenas ou centenas de mortes. Isso pode ter acontecido porque esses surtos de doenças se desenvolveram em locais sem instalações médicas ou entre populações inconscientes.

Portanto, é razoável acreditar que existam centenas ou milhares de outras ameaças "ocultas" em potencial em seus tanques de animais, prontas para implementar o "spillover" e passar para o homem. As epidemias virais representam uma espada de Dâmocles pairando sobre a humanidade, bem como a possibilidade da queda de um asteróide gigante ou de uma erupção solar capaz de assar a superfície da Terra em uma fração de segundo.

Como mencionado acima, não acreditamos nessas hipóteses. Acreditamos, no entanto, que a inteligência que guia o universo e que regulou as constantes cosmológicas para que a vida inteligente possa nascer garantirá que ela não se extingua.

Abaixo está uma lista das principais epidemias e pandemias, principalmente virais, que ocorreram no período histórico. Alguns dos mais antigos já foram mencionados anteriormente

Cólera (Desenvolvimento Agrícola)

A cólera é uma infecção intestinal causada por "vibrio cholerae". É causada pela ingestão de alimentos ou água que contém as bactérias transportadoras. Os sintomas são vômitos intensos e diarréia, que causam desidratação. A cólera afeta de 3 a 5 milhões de pessoas em todo o mundo a cada ano e em 2010 causou entre 58.000 e 130.000 mortes. Obviamente, afeta principalmente populações que vivem em locais poluídos e sem sistemas de esgoto. A cólera provavelmente já se desenvolveu nos primeiros assentamentos agrícolas a partir de 12.000 anos atrás.

É uma doença endêmica que ainda não foi erradicada. Portanto, se uma pessoa viaja para áreas sujeitas a cólera, deve beber apenas água engarrafada. A epidemia de cólera mais recente ocorreu no Iêmen em

2017. Mais de 800.000 pessoas foram infectadas e mais de 2.000 morreram.

A peste negra (1350)

A peste negra atingiu a Europa a partir de 1346. Já em 1348, havia infectado a Suíça e toda a Itália, continuando em direção à França e à Espanha. Em 1349, ele chegou à Inglaterra, Escócia e Irlanda. Em 1353, depois de infectar toda a Europa, a doença desapareceu. A peste negra matou quase 20 milhões de pessoas, pelo menos um terço da população européia. Até a peste negra não se deveu a um vírus, mas a uma bactéria "Yersinia pestis", isolada em 1894. Essa bactéria é transmitida de camundongos para pulgas e destes para humanos. Pode parecer surpreendente, mas a praga ainda está por aí. Em média, entre 1000 e 2000 casos ocorrem em todo o mundo a cada ano. Em 2017, houve uma grande epidemia em Madagascar. Hoje existem três tipos de peste: bubônica, pneumônica e septicêmica. Todos os três tipos são extremamente perigosos e fatais se não forem tratados. Felizmente, temos as curas, mas o diagnóstico deve ser rápido.

Febre tifóide (1400-1500)

Tifo foi relatado no Oriente na época das Cruzadas, nos séculos XV e XVI. Ele teve seu epicentro na primeira Espanha e Itália, mas também atingiu a Inglaterra muito a sério. Uma grande epidemia de tifo exterminou o exército de Napoleão durante a campanha russa. Muitos prisioneiros nos campos de concentração nazistas também foram afetados pelo tifo durante a Segunda Guerra Mundial.

A febre espanhola (1918)

A pandemia de gripe de 1918-1920, que recebeu o nome de "febre espanhola", foi causada por um vírus da gripe particularmente agressivo e mortal. Normalmente, as epidemias causam o maior número de mortes entre os indivíduos mais fracos, na terceira idade ou na idade pediátrica. A febre espanhola, no entanto, afetou muitas pessoas jovens e saudáveis. Algumas estimativas feitas durante o período calculam um número de mortes entre 40 e 50 milhões, mas as estimativas mais recentes elevam o número para 100 milhões de pessoas, igual a 5% da população mundial na época. A febre espanhola foi a primeira de duas pandemias envolvendo o vírus da gripe H1N1. O segundo caso é o da peste suína de 2009. Além dos mortos, o número de pessoas infectadas era enorme, de fato a febre espanhola afetou cerca de 500 milhões de pessoas em todo o mundo. Até interessou os habitantes das áreas próximas aos polos da Terra ou aos das ilhas menores do Pacífico. Se levarmos em conta o número de pessoas infectadas e o número de mortes, a taxa de mortalidade do espanhol é de cerca de 5%.

H2N2 asiático (1957) e febre de Hong Kong H3N2 (1968)

A gripe asiática identificada com as iniciais H2N2 começou na China em fevereiro de 1957, após o que, no mesmo ano, chegou aos Estados Unidos.

A gripe de Hong Kong, identificada com o acrônimo H3N2, teve origem em Hong Kong em 1968. Essa gripe também chegou aos Estados Unidos no mesmo ano, causando 34.000 vítimas. Essa influência não foi erradicada: um vírus H3N2 ainda está em circulação hoje.

Machupo (1959)

Machupo é uma febre hemorrágica originária da Bolívia causada pelo vírus de mesmo nome. Também é conhecido como "febre de Ordog" ou "febre hemorrágica boliviana". É uma febre infecciosa zoonótica, isto é, de origem animal. De fato, a doença é transportada por um roedor, o "Calomys callosus". Os animais portadores são assintomáticos e espalham o vírus com seus excrementos. Desta forma, a infecção pode ser transmitida aos seres humanos.

A doença foi identificada pela primeira vez em 1959. A mortalidade varia entre 5 e 30%. Entre fevereiro e março de 2007, o serviço de saúde departamental boliviano registrou uma epidemia de vinte casos, três dos quais fatais. No ano seguinte, em 2008, o mesmo órgão notificou 200 casos, incluindo 12 fatais.

Marburg MHF (1967)

A doença do vírus de Marburg, ou MHF (Febre Hemorrágica de Marburg), é uma doença infecciosa viral causada por um vírus originário da África pertencente à família "Filoviridae". Do ponto de vista clínico, os sintomas e o curso da doença de Marburg são muito semelhantes aos do Ebola.

O vírus leva o nome da cidade alemã de Marburg, onde foi isolado em 1967. Nesse ano, houve uma epidemia de febre hemorrágica entre os funcionários de um laboratório de cultura de células que havia trabalhado com os macacos verdes de Uganda "Cercopithecus aethiops" . Quase quarenta pessoas também adoeceram em Frankfurt e Belgrado. O vírus ressurgiu em Joanesburgo, África do Sul em 1975, afetando um jovem que viajara para o Zimbábue. Em 1980, um francês de 56 anos morreu de Marburg. O médico que o tratou adoeceu nove dias depois, mas conseguiu sobreviver. Em 1987, um menino dinamarquês de 15 anos morreu.

Entre 1998 e 2000, houve uma epidemia na República Democrática do Congo com 154 doentes, dos quais 128 morreram, com uma mortalidade de 83%.

A maioria dos casos ocorreu entre os mineiros da mina de ouro de Durba, no nordeste do país, e depois na vila vizinha de Watsa.

Em 2007, a fonte da infecção foi descoberta. O vírus Marburg foi isolado em um morcego africano, o "Rousettus aegyptiacus", que é o reservatório natural da infecção.

Este vírus infecta todas as faixas etárias, embora se pense que os adultos sejam mais suscetíveis. No entanto, as crianças também foram afetadas por uma epidemia que se desenvolveu em Angola.

Febre de Lassa (1969)

O primeiro caso reconhecido remonta a 1969, quando duas enfermeiras morreram na cidade nigeriana de Lassa devido à infecção de um vírus desconhecido.

Era um vírus em cadeia de RNA e vinha, como quase sempre, de animais. Nesse caso, o reservatório natural do vírus é o chamado "Mastomys natalensis" ou "camundongo multimammate" que carrega o vírus, mas, diferentemente dos humanos, ele não fica doente. O vírus Lassa pertence à família "Arenavirididae", geralmente associada a doenças transmitidas por roedores. A febre de Lassa é considerada endêmica na Nigéria, Benin, Guiné, Libéria, Mali e Serra Leoa, mas não se pode excluir que também possa estar presente em outros países da África Ocidental.

Na grande maioria dos casos, a infecção é assintomática, mas em um em cada cinco casos desenvolve sintomas graves. A infecção se espalha através do contato com alimentos ou objetos que foram contaminados com as fezes ou a urina de roedores. Também pode se espalhar sexualmente ou através do contato com fluidos biológicos de pessoas infectadas. O período de incubação dura de 6 a 21 dias, e começam a aparecer sintomas que podem ser dor de garganta, dores musculares, vômitos, diarréia, até inchaço da face, líquido nos pulmões e perda de sangue, convulsões, tremores, perda audição. Em casos graves, pode ocorrer coma. A mortalidade geral é de cerca de 1%, mas pode chegar a 15% em mulheres grávidas.

Monkeypox ou monkeypox. (1970)

É causada por um vírus do tipo varíola, identificado em animais de laboratório em 1958. O primeiro caso humano foi encontrado na África em 1970. Alguns casos de Monkeypox foram identificados nos Estados Unidos em 2003. Os afetados foram infectados por cães da pradaria, "Cynomys ludovicianus", um tipo de roedor frequentemente adotado como animal de estimação.

Ebola EBOV (1976)

O vírus Ebola ou EBOV, anteriormente conhecido como "Zaire ebolavirus", é responsável por uma doença que afeta humanos com febre hemorrágica. Desde 2014, causou um alto número de mortes na África Ocidental.

O vírus apresenta alta taxa de letalidade, com média de 83%, estimada desde as primeiras epidemias ocorridas desde 1976. Entre 2002 e 2003, a letalidade atingiu 90%. O primeiro surto da infecção pelo Ebola ocorreu em 26 de agosto de 1976 em Yambuku. O paciente zero era um professor de 44 anos que apresentava sintomas de malária e foi tratado com quinino. O contágio foi atribuído ao uso de agulhas não esterilizadas.

O ebola é outro patógeno derivado de animais. As transportadoras são várias espécies de morcegos encontrados em toda a África Central e Subsaariana. Os hospedeiros finais são humanos e grandes símios, que são infectados pelo contato com morcegos.

A doença é transmitida apenas entrando em contato com o sangue ou fluidos corporais de uma pessoa infectada. Não se espalha pelo ar. Os primeiros sintomas são semelhantes à gripe comum e incluem fadiga, febre, dor muscular, dor de garganta, dor de cabeça. À medida que a doença progride, os sintomas pioram e náusea, diarréia, sangramento inexplicável ocorre. Não existe vacina ou medicamento para o Ebola, mas os cuidados de saúde podem promover as chances de sobrevivência. Medicamentos experimentais estão sendo testados e alguns aguardam confirmação.

Vírus HIV, AIDS, (1981)

Desde 1981, o HIV "Human Immunodeficiency Virus" se espalhou exponencialmente em todos os países do mundo, matando cerca de três milhões de pessoas.

Acredita-se que o vírus HIV tenha se originado na África Subsaariana durante o século XX. Sua propagação é considerada uma pandemia, pois estima-se que haja cerca de 40 milhões de pessoas infectadas pelo HIV em todo o mundo.

O vírus HIV é transmitido principalmente durante a relação sexual. Em outros casos, o vírus é transmitido de uma mãe infectada para o filho durante a gravidez ou o parto. Também pode ser transmitido através do leite materno.

Infelizmente, o HIV produz AIDS e, dessa forma, levaria à morte de mais de 25 milhões de pessoas. Essa estimativa foi feita com base nos dados disponíveis desde 1981, quando o vírus foi reconhecido. Nesse sentido, a pandemia da Aids é uma das mais devastadoras da história. A AIDS é uma doença que causa o enfraquecimento progressivo do sistema imunológico, de modo a permitir o aparecimento de infecções graves ou mesmo tumores.

SNV "Sin Nombre", HFRS, HPS (1993)

O Sin Nombre, também chamado de "síndrome do pulmão de Hantavírus", é uma doença grave identificada nos Estados Unidos em 1993. É transmitida aos seres humanos por várias espécies de roedores selvagens e domésticos. A transmissão do vírus ao homem ocorre por inalação ou contato com a urina, excremento ou saliva de um animal infectado. Não existem vacinas ou tratamentos específicos. A melhor prevenção é evitar ou minimizar o contato com roedores e seu habitat.

Hantavírus são vírus de RNA de cadeia negativa que se replicam exclusivamente no citoplasma da célula hospedeira. Existem mais de 20 hantavírus conhecidos, alguns dos quais estão associados a duas doenças graves e potencialmente fatais em humanos: "febre hemorrágica com síndrome renal" (HFRS) e "síndrome pulmonar de hantavírus" (HPS).

Cada tipo de hantavírus infecta preferencialmente um roedor específico, de modo que a distribuição geográfica da doença é influenciada pela maior presença de roedores em uma determinada área. Na América do Norte, a principal causa da síndrome pulmonar do hantavírus é o cervo-rato "Peromyscus maniculatus".

Uma vez infectados, os roedores espalham o vírus por toda a vida.

Hendra (1994)

Hendra é um vírus de RNA negativo de fita simples. É transportado por raposas voadoras, também chamadas de morcegos de fruta. Pertence ao gênero "Henipavirus", como o Nipah. Hendra pode causar doenças, geralmente fatais, em inúmeros animais de estimação. A doença foi observada principalmente em cavalos, mas em fazendas também pode afetar os homens responsáveis. O contágio dos equídeos provavelmente ocorre indiretamente. As raposas voadoras infectadas descansam nas árvores e expelem excrementos que contêm o patógeno.

Os cavalos que pastam sob as árvores são infectados. Até agora, este vírus só foi observado na Austrália.

WWAV de Whitewater Arroyo. (1996)

"Whitewater Arroyo" é um vírus emergente típico do sudoeste americano. Entre 1999 e 2000, três pacientes do sexo feminino, com idades entre 14, 30 e 52 anos, desenvolveram a doença e morreram poucas semanas após a infecção. Os sintomas são febre, dor de cabeça, mialgias, síndrome do desconforto respiratório agudo, insuficiência hepática e febre hemorrágica. A WWAV parece ser transmitida através de roedores. Portanto, deve-se evitar o contato direto com roedores, suas fezes e material de nidificação. Não está claro se esse vírus pode ser transmitido aos seres humanos através do contato com os fluidos corporais de um paciente infectado.

Gripe aviária H7N9 (1997)

A gripe aviária é conhecida desde o final do século XIX, mas entrou em erupção com especial virulência no sudeste da Ásia desde 2003. Desde outubro de 2005, o vírus entrou na Europa via Turquia. Essa epidemia é causada por um vírus da gripe da cepa A (ortomixovírus), que pode afetar aves, animais e humanos. Na maioria dos casos, é limitado a pássaros. No entanto, se os humanos entrarem em contato com aves infectadas ou carne crua de aves sem as devidas precauções, eles poderão se infectar. Os primeiros sintomas são muito semelhantes à gripe: tosse, febre, coriza, dor muscular. A melhor maneira de evitar o contágio é ficar longe de pássaros e cozinhar completamente aves e ovos. Se os sintomas são interceptados imediatamente, a doença é curável.

Hong Kong Avian H5N1 (1997)

É um subtipo do vírus aviário. É uma forma mortal de pneumonia viral transmitida por um vírus que anteriormente infectava apenas aves. Em 2000, esse vírus sofreu uma mutação e também foi isolado em aves domésticas, como galinhas, perus e similares. Em 2003, ocorreram os primeiros casos de transmissão ao ser humano, após o que o vírus se espalhou para a Europa e a África e se tornou endêmico em aves em muitos países, causando algumas centenas de surtos com muitas mortes na espécie humana.

Vírus Nipah (1998)

Nipah foi identificado em 1999 na Malásia e Cingapura. O reservatório deste vírus é provavelmente um morcego do gênero "Pteropus". Dos morcegos, o vírus Nipah é transmitido aos porcos e, destes, aos humanos. Os sintomas iniciais são febre, dor de garganta, dor de cabeça, confusão mental e tontura. Se não for tratado, o vírus Nipah pode causar convulsões e encefalite que podem levar rapidamente à morte.

Os habitantes da Malásia não podem esquecer o abate de porcos que ocorreu nos anos por volta de 2018, no estado de Negeri Sembilan. Depois que centenas de pessoas perderam a vida devido ao vírus Nipah, os médicos perceberam que a infecção vinha de fazendas de porcos. Isso foi suficiente para espalhar o terror em uma população que tinha a principal ocupação na criação de porcos. Milhares de agricultores fugiram de suas fazendas, deixando os porcos passarem fome. Ocorreu um êxodo em massa. Cidades como Sungai Nipah, que havia chamado o vírus em 1999, foram abandonadas. Manadas de porcos famintos e zangados quebraram as cercas e se espalharam pelas aldeias como cães vadios procurando comida. O governo teve que mobilizar o exército para derrubar todos os porcos. Um milhão e cem mil deles foram exterminados, quase metade de toda a população suína da Malásia.

Vírus do Nilo Ocidental, WNV 1999

O "vírus do Nilo Ocidental WNV" é um "harbovírus" da família dos "Flaviviridae" .O vírus da febre amarela, o vírus da encefalite de Saint-Louis, o Encefalite do vale Murray e o vírus da encefalite japonesa.

O WNV foi isolado pela primeira vez em 1937 em Uganda, no distrito do Nilo Ocidental do qual leva seu nome. Nos anos 50, foi encontrado no Egito em homens, pássaros e mosquitos. Do Egito, ele se espalhou para muitos outros países.

Em 1996, mais de 300 infecçõcs ncurológicas foram registradas na Bulgária, com uma letalidade de 10%. Em 1999, o vírus entrou na América, causando 50 casos e 7 mortes. Em 2005, nos EUA, havia cerca de 2500 casos com 160 mortes. O contágio humano ocorre através da picada de mosquitos do gênero Culex, que são infectados por picadas em algumas espécies de aves. Acredita-se que os pássaros tenham trazido a doença da Europa para a América.

Síndrome Respiratória do Oriente Médio MERS (2000)

MERS ou síndrome respiratória do Oriente Médio é uma condição causada pelo coronavírus MERS-CoV. O primeiro caso foi relatado em 2012 em Jeddah, na Arábia Saudita, pelo virologista egípcio Dr. Ali Mohamed Zaki. Em novembro de 2019, houve um total de 2.494 infecções confirmadas e 858 mortes. Alguns casos foram registrados na Inglaterra, França e Itália, mas todos estavam direta ou indiretamente conectados à Península Arábica. Quanto à origem do vírus, a hipótese mais reconhecida considera os camelos e morcegos como seu reservatório natural. Os morcegos infectam com seus excrementos as tâmaras de palma que são consumidas pelos camelos, e representam o hospedeiro intermediário pelo qual o vírus passa para os seres humanos.

Síndrome Respiratória Aguda Grave (SARS) (2002)

A SARS, também chamada síndrome respiratória aguda grave, é uma forma atípica de pneumonia. Ela foi identificada pela primeira vez pelo médico italiano Carlo Urbani, que mais tarde morreu da mesma síndrome.

O primeiro caso humano de SARS teria ocorrido em Guangdong, China, na fazenda de um criador, que foi tratado no primeiro Hospital Popular de Foshan. O paciente morreu pouco depois, mas nenhum diagnóstico definitivo foi feito sobre a causa da morte. De fato, as autoridades do governo chinês preferiram não tomar medidas para controlar a epidemia e limitaram a divulgação das notícias para preservar a segurança pública. A falta de comunicação com organizações internacionais resultou em atrasos no controle da epidemia e causou críticas da comunidade internacional ao governo chinês. A mesma coisa parece ter acontecido com a atual infecção pelo Covid-19.

A epidemia de SARS se espalhou entre 2002 e 2003, causando 8096 infecções e 774 mortes em 17 países, principalmente na China e Hong Kong. Os casos de SARS não são certificados desde 2004. Em 2017, cientistas chineses identificaram a fonte de origem do vírus em morcegos conhecidos como ferraduras "Rhinolophus sinicus". Dos morcegos, o vírus passa para os civetas e destes para o homem que os come. Os dados de letalidade variam de país para país e de acordo com a faixa etária, mas com uma mortalidade média geral de cerca de 10%.

Febre suína 2009

A gripe suína foi transmitida aos seres humanos em 2009 por algumas fazendas de porcos no México. Posteriormente, a infecção se espalhou para o resto do mundo. Em 2009, a peste suína matou cerca de meio milhão de pessoas. De 13 de outubro a 8 de novembro de 2009, foram estimados 1,5 milhão de casos na Itália, mas o percentual de mortes foi de 0,029 por mil, em comparação com 2 por mil de gripe normal. Como resultado, é uma infecção muito leve que ninguém nota.

Coronavírus - Covid-2019

Esta é a epidemia atual que começou no final de dezembro de 2019. Fontes oficiais dizem que a epidemia teria começado no mercado de peixes de Wuhan, onde eram vendidos animais vivos de todos os tipos, incluindo morcegos, gatos da cidade, pangolins, cobras e outros. . O caminho infeccioso desse vírus começa no morcego e atinge os humanos através da mediação de um hospedeiro intermediário não identificado, talvez uma cobra. Esses animais constituem um alimento habitualmente consumido pela população local. Isso não deveria nos surpreender. Se o consumo desses animais pode causar repulsa em muitos europeus, lembramos que toda população tem seus próprios hábitos alimentares. Portanto, não surpreende que as populações da Indonésia, Vietnã, Guam, Tailândia e muitas regiões da China possam se alimentar de cobras e morcegos.

No entanto, a mistura com os fluidos biológicos desses animais selvagens é muito perigosa. De fato, os morcegos por milênios agora são reservatórios biológicos de vírus de todos os tipos, com os quais eles aprenderam a viver. Nosso corpo, no entanto, não conhece esses vírus e não possui anticorpos para combatê-los. Um "spillover" pode causar tragédias no mundo real.

Covid-19 é um coronavírus. É uma grande família de vírus referidos por esse nome devido aos "picos" ou espinhos presentes em sua superfície, mais ou menos ovóides. Esses espigões formam uma espécie de coroa. Os coronavírus foram descobertos na década de 1960 nas cavidades nasais de pacientes com resfriado comum. Acredita-se que esses patógenos sejam responsáveis por quase todos os resfriados em adultos e crianças, com uma presença maior durante o inverno e o início da primavera. Principalmente, os coronavírus circulam entre os animais. Eles são responsáveis por patologias em quadrúpedes, que ocorrem em vacas e porcos com diarréia. Quanto às aves, causam doenças respiratórias em galinhas e outras granjas domésticas. No entanto, eles adquiriram a capacidade de fazer a espécie saltar, o "spillover" de transferir também para o ser humano.

Atualmente (junho de 2020) são conhecidas 7 cepas de coronavírus capazes de infectar seres humanos:

- 229E (coronavírus alfa).

- NL63 (coronavírus alfa).

- OC43 (beta coronavírus).

- MKU1 (coronavírus beta).

A estes quatro são adicionados mais 3, menos comuns, mas mais perigosos:

- MERS-CoV (beta coronavírus).

- SARS-CoV (beta coronavírus).

- Covid-19 (novo coronavírus Wuhan).

O próximo "Big One"

Em 2012, o jornalista e popularizador científico americano David Quammen publicou o livro "*Spillover. The evolution of pandemics*", um dos mais vendidos no período de quarentena em que o mundo inteiro sofreu nos primeiros meses de 2020. O termo "spillover" refere-se ao momento em que o vírus é transferido do animal transportador, no nosso caso um morcego, para os seres humanos.

Quammen investiga as principais epidemias de nosso tempo e tira a conclusão, apoiada pela opinião de muitos cientistas, de que a próxima epidemia, "A próxima Grande", terá um impacto muito mais devastador do que todas as anteriores. Assim escreve Quammen (em 2012):

"O próximo Big One é um tema recorrente entre epidemiologistas de todo o mundo. Todos os virologistas, enquanto experimentam ou estudam pandemias do passado, sempre têm um nicho em seus pensamentos para o Big One.

Talvez o Next Big One saia de um chiqueiro da Malásia, viaje dentro de uma porca exportada para Cingapura e de lá, como o SARS, viaje pelo mundo, por exemplo, nos pulmões de uma comissária de bordo que comeu carne de porco agridoce em um daqueles restaurantes da moda ...

É concebível que a próxima grande epidemia, a notória Big One, quando chegar, se comporte como uma febre perversa da gripe, muito infecciosa antes de ser visível. Nesse caso, ele se moverá de uma cidade para outra nas asas dos aviões, como um anjo da morte."

O autor escreveu em 2012, mas parece que ele fala exatamente da atual pandemia. De fato, ele se desenvolveu nos meses em que poderia ser confundido com a gripe sazonal. O contágio também foi disseminado pelos assintomáticos. Ele se espalhou extremamente rápido graças às conexões de ar.

Zoonoses

A grande maioria das epidemias que consideramos vem do contato com animais. Estas são as chamadas zoonoses. Por este termo, entendemos qualquer doença infecciosa que pode ser transmitida de animais para humanos, ou vice-versa.

Durante os tempos pré-históricos, os homens eram organizados em pequenos grupos de caçadores-coletores, compostos de algumas dezenas de pessoas, no máximo. Os diferentes grupos raramente entraram em contato um com o outro. As oportunidades de contágio eram realmente inconsistentes porque as trocas humanas e o número de pessoas foram reduzidos ao mínimo.

Com o aumento da população mundial e o surgimento de comunidades organizadas em vilas e cidades, a possibilidade de contágio aumentou exponencialmente. No entanto, um elemento restritivo foi dado pela má circulação de pessoas.

As zoonoses começaram com o desenvolvimento de atividades de domesticação e criação de animais. O patógeno, geralmente um vírus, sofre uma mutação, ou seja, torna-se capaz de realizar um "salto de espécie". Dessa maneira, enquanto continua a viver no animal do reservatório, ele também começa a se multiplicar no organismo humano. De acordo com as crenças atuais, muitas doenças chegaram aos seres humanos a partir de animais. Estes incluem sarampo, varíola, gripe, difteria, HIV, resfriados, tuberculose.

Muitas vezes, as zoonoses são doenças novas, não diagnosticadas anteriormente e, portanto, exibem maior virulência porque as populações carecem de anticorpos capazes de garantir imunidade. A peste bubônica é uma doença zoonótica, assim como a salmonela, a febre dos botons das Montanhas Rochosas, a doença de Lyme e muitas outras.

A causa que mais contribui para o aparecimento de novas zoonoses é o aumento dos contatos entre humanos e animais selvagens. Além da domesticação dos tempos pré-históricos, existem muitos outros fatores de mistura hoje. Antes de tudo, a mudança das atividades humanas em áreas selvagens, como ocorre em grandes desmatamentos e na construção de aldeias que fazem fronteira com florestas. Em segundo lugar, a tendência de os animais se urbanizarem, muitas vezes considerando as cidades mais seguras da floresta. A abundância de desperdício de alimentos cria um aumento exponencial de animais que carregam infecções graves, como ratos e baratas.

Gaivotas, portadoras de salmonela, psitacose e escherichia coli, são hóspedes regulares de nossas cidades. Além disso, eles são cada vez mais dominadores, agressivos e nem um pouco intimidados pela presença do homem. Os pombos são portadores de dezenas de doenças contagiosas para seres humanos e animais de estimação. Patógenos de salmonela, coccidiose, encefalite, tuberculose e mais são encontrados nos excrementos de pombos. O contato direto não é necessário. O pó infectado dos excrementos secos pode ser transportado para qualquer lugar pelo vento. Colônias dessas aves devem ser constantemente monitoradas. Não devemos esquecer o grande número de pneus abandonados, que favorece a presença de mosquitos no nível da peste bíblica.

Vamos deixar os morcegos em paz

Os vírus dão o salto para os seres humanos a partir de animais que os hospedam há muito tempo, como os morcegos. Ao longo dos milênios, os animais hospedeiros desenvolveram uma forma completamente inofensiva de coexistência com vírus. Algo semelhante está acontecendo entre humanos e vírus comuns da gripe sazonal. Existem muitos casos de animais-reservatório que não são afetados pelos vírus presentes em seu sistema biológico.

Por exemplo, o sarampo começou com ovelhas e cabras domésticas, e a AIDS com chimpanzés. Os "hantavírus" que causam febre hemorrágica provêm de roedores, o "herpes B" provém de macacos e o MERS de camelos. Normalmente, nenhum desses animais sofre de epidemias causadas pelo vírus hospedeiro.

Em muitos casos, esses animais não são diretamente responsáveis, mas desempenham o papel de lojas de vírus itinerantes. A distribuição é confiada a outros. Como costuma acontecer, o vírus passa do animal reservatório para outro animal, chamado transportador, do qual se destaca o salto em direção ao homem. Por exemplo, influências sazonais vão de alguns tipos de aves selvagens a aves domésticas, ou porcos, e destas a humanos.

No entanto, existe um tipo de animal que está mais envolvido do que outros na realização do salto da espécie, direta ou indiretamente. É o caso da última pandemia em que, aparentemente, o tanque de animais era um morcego. O vírus passou do bastão para um hospedeiro intermediário não identificado, talvez uma cobra, talvez um civeta ou talvez um pangolim. Todos esses animais estavam à venda no mercado de Wuhan. O contágio não se desenvolveu a partir do bastão, mas de um dos hospedeiros intermediários. No entanto, permanece o fato de que originalmente existe um morcego e, se examinarmos as principais epidemias zoonóticas, o morcego aparece em todos os lugares.

Os vírus Hendra, Marburg e Nipah são originários de morcegos, assim como o SARS.

Muitas doenças virais transmitidas por carrapatos derivam de carrapatos que foram infectados por morcegos mordedores. O ebola vem de morcegos. O vírus da raiva, contrariamente à crença popular, não deriva principalmente da picada de um cachorro ou de uma raposa, porque a montante existem morcegos-tanque que os infectam. Muitos vírus originários da Ásia (Menangle, Melaka, Tioman) são provenientes de morcegos. A lista pode ser tão longa que os morcegos são o vencedor absoluto na competição de spillover.

Um mamífero estranho

Os morcegos (nome científico chiroptera) podem parecer pássaros muito estranhos, se fossem, mas não são. Os pássaros se reproduzem através dos ovos, enquanto os morcegos dão à luz filhotes já formados. De fato, os morcegos pertencem a mamíferos placentários, como cães, vacas e o mesmo homem.

Entre outras coisas, eles não desfiguram no zoológico de mamíferos. Se ratos e roedores são o maior grupo, os morcegos são o segundo maior grupo. Cerca de 20% das espécies de mamíferos são morcegos.

Existem todos os tipos: desde o morcego abelha "*Craseonycteris thonglongyai Hill*", que não pesa mais de 2 gramas e é considerado o menor mamífero do mundo, juntamente com o hamster "*Suncus etruscus*", até algumas espécies de raposas voadoras do gênero Acerodon o Pteropus, com mais de um quilo e meio de peso e envergadura de quase dois metros.

Morcegos são animais estranhos. Entre as características mais conhecidas, o hábito de viver principalmente em cavernas onde se aposenta durante o dia para dormir pendurado no teto de cabeça para baixo. À noite eles saem à procura de comida. Dependendo dos gêneros, eles comem de tudo, de insetos a frutas.

Outra característica muito estranha é a maneira como eles se movem, caçam e se movem à noite. Eles são os únicos mamíferos capazes de voar no escuro realizando manobras complexas. No escuro, são confortáveis graças a um sentido adicional, além dos cinco conhecidos: ecolocalização. Na prática, os morcegos podem se mover sem "ver" a paisagem ao redor deles com os olhos. Ao voar, eles emitem gritos ultrassônicos, não percebidos pelo ouvido humano, que atingem os objetos ao redor e saltam em direção a eles. Dessa forma, eles criam um mapa do espaço e podem identificar presas se movendo no escuro. Este dispositivo de orientação permite que os morcegos atinjam altas velocidades de vôo, evitando colisões. O recorde pertence ao morcego de cauda livre mexicano (Tadarida brasiliensis), que pode voar até 165 quilômetros por hora.

Os primeiros experimentos sobre o vôo dos morcegos foram feitos por Lazzaro Spallanzani em 1793. Ele sentiu que os órgãos fundamentais não eram os olhos, mas os ouvidos, mas essa habilidade não era reconhecida pela comunidade científica porque ainda não havia conhecimento da existência do ultrassom. .Somente com o desenvolvimento tecnológico, em 1938, Don Griffin mostrou que os morcegos usavam feixes de som de alta frequência para se orientar e capturar suas presas, como um radar poderia fazer. Em quase todas as espécies no nariz, há um crescimento carnoso capaz de direcionar o feixe de ultrassom emitido pelo nariz ou pela boca. Os sons são refletidos pelos objetos que estavam no caminho e o eco de retorno é capturado e processado através das orelhas grandes.

Uma entrevista reveladora

Em 16 de abril de 2020, o jornal italiano "La Repubblica" publicou uma entrevista com David Quammen por um grupo de estudantes. Aqui estão alguns trechos significativos.

"Sr. Quammen, o Covid-19 é a grande epidemia, o" Big One "sobre o qual você escreveu?"

"Sim, o Covid-19 é o tipo de epidemia para a qual eu levantei o alarme. É a primeira com dimensões globais após o lançamento do meu livro, mas não é a última zoonose com a capacidade de se tornar uma pandemia. Temos que esperar mais e, para isso, temos que nos preparar melhor para que o próximo vazamento não se torne outro Big One global, outra pandemia ".

"Por que essa epidemia entrou em erupção agora? Nós, homens, fizemos algo errado? "

"Tudo começou como uma coisa pequena, depois que o vírus passou de morcegos para humanos. Tudo começou porque existe um contato destrutivo entre os seres humanos e a natureza. É algo que acontece não apenas na China, mas em todo o mundo. Na China, porém, desta vez temos sido particularmente infelizes. O vírus que nos chegou dos morcegos era particularmente versátil, capaz de se replicar em humanos e passar facilmente de uma pessoa para outra. Não estávamos preparados para isso. De fato, os cientistas sabiam que isso poderia ter acontecido, mas os políticos se recusaram a gastar dinheiro para se preparar para a ocorrência. Então agora temos um desastre global ".

"Até o vírus Ebola pode ter passado de morcegos para nós. Não seria mais seguro matar todos os morcegos, ou pelo menos evitar qualquer contato com esses animais?"

"Sim, muitos novos vírus que causam epidemias em humanos vêm de morcegos. Um vírus como esse provavelmente estava entre os morcegos por milhares de anos, mas a evolução tornou possível que eles não adoecessem. A solução não é matar morcegos. Precisamos disso em nossos ecossistemas. A solução é deixá-los em paz."

"Existe uma lição que podemos aprender com o Covid 19 para tentar evitar outras pandemias?"

Sim, pelo menos duas. Primeira lição, pequena e fácil: vamos deixar os morcegos em paz e mantê-los longe de nós. Segunda lição, mais difícil: devemos reduzir a destruição do mundo natural e isso significa reduzir o crescimento da população mundial e reduzir o ritmo do nosso consumo ".

A zoonose é uma infecção que passa de animais para humanos porque compartilhamos o mesmo reino biológico. Mas se somos tão parecidos, por que a passagem entre as espécies causa efeitos tão devastadores?

As causas certamente devem ser buscadas na abordagem errada que temos com espécies biologicamente semelhantes às nossas, mas não humanas. A nossa não é uma atitude de coexistência, mas de assalto. A verdade sobre como vemos nosso relacionamento com a natureza se destaca claramente na pergunta feita por um estudante em Quammen na entrevista mencionada acima:

"Não seria mais seguro matar todos os morcegos?"

Essa maneira de raciocinar parece natural e compreensível para nós. Não é nem remotamente imaginável que espécies não humanas recebam qualquer respeito quando nos incomodam. É extremamente irritante ter que imaginar qualquer tentativa de entender suas necessidades. É óbvio que as espécies "inferiores" devem ser aprisionadas, usadas, exploradas, torturadas, mortas, comidas, oprimidas pelo que possuem para dobrá-las, além de uma necessidade real, mas com o máximo de sadismo, às nossas necessidades mais inúteis.

O homem sempre aplicou esses métodos a outros homens, podemos imaginar se ele pode se esforçar para aplicá-los aos animais.

É verdade que os animais também são cruéis. Os morcegos não têm problema em cortar centenas de insetos capturados em cada noite de caça com seus dentes afiados. Mas isso faz parte de uma animalidade inescapável, de um instinto que não prevê alternativas. Os animais são cruéis porque precisam ser, não têm vontade de decidir o contrário e não têm consciência de sua crueldade.

A grande diferença é que nós, por outro lado, estamos cientes disso. Nós poderíamos evitar fazer isso. Apesar disso, nós fazemos. Nenhuma parte da criação escapa à nossa ganância. Provavelmente não existe um ser biológico visível que, em alguma parte do planeta Terra, não seja caçado, morto com crueldade, desmembrado e rasgado em pedaços, talvez apenas para nos agradar com um gosto particular. Quanta carne fornece um morcego de alguns gramas? Em muitos clubes da moda frequentados pela nova burguesia asiática, os morcegos não são mais servidos como uma medida extrema para satisfazer a fome, mas como comida refinada reservada para uma elite de gourmets.

Daí surge o grito de dor insuportável que não provém do poder e da vontade de cada animal. A rebelião ultraja e rasga o universo "Um". O animal pode entender seu destino quando encolhe na gaiola no fundo ou quando olha para o atormentador com olhos aterrorizados, mas não pode gritar vingança porque não conhece esse sentimento. Ele pode se rebelar coçando e mordendo, mas essa não é a rebelião que importa.

A verdadeira rebelião flui da impotência dos humildes derrotados, surge dos espíritos das espécies, das profundezas das harmonias violadas, das divindades tutelares ignoradas, ofendidas e humilhadas, da compaixão do céu e da terra pelas criaturas traídas e violadas. A alma do mundo chora e clama por vingança por aqueles que não podem. A piedade, pisoteada por outros seres, é a mesma piedade que o homem encontra pisoteada quando a procura por si mesmo. Piedade pisoteada é uma planta que sempre floresce. Sua flor é sanguínea, possui dentes afiados e garras afiadas e longas. O nome dele é Nemesi.

Não mate

O mandamento bíblico aparece no capítulo 20 de Êxodo e no capítulo 5 de Deuteronômio. Nos dois casos, o mandamento é de rigor exemplar e diz exatamente assim:

"Não mate."

A brevidade beneficia muito a clareza. Não há condições, cuidados ou códigos interpretativos. O comando é seco, peremptório, único em sua declaração. É fácil de entender, não deixa espaço para chaves de leitura equívocas.

Nenhum outro livro sagrado havia declarado esse mandamento anteriormente, e ninguém o fez depois. Como todos os outros, esse mandamento não foi escrito apenas para os israelitas no deserto, mas para toda a humanidade e para todos os tempos.

Muitos mandamentos hoje são interpretados de maneira diferente da interpretação original. O mandamento "não mate" foi interpretado, até o momento, no sentido de "não mate *o homem seu amigo*".

Mas o mandamento não diz isso. O texto exato é "Não mate".

Provavelmente chegará o momento em que será possível estender a interpretação ao sentido mais literal: não mate, é isso. Nem mesmo uma mosca? Não, nem mesmo uma mosca.

Para conseguir isso, uma grande mutação evolutiva do homem será necessária. O Deus bíblico o previu, por esse motivo ele escreveu claramente "Não mate" sem especificações ou exceções. Nisto, a Bíblia mostra que é o livro para todos os tempos. Não é apenas moderno, é futurista. "Não mate" é uma instrução que encontrará seu cumprimento no futuro. Temos que esperar a mutação acontecer. Enquanto isso, devemos trabalhar o máximo possível para alcançar esse mandamento hoje.

É sincronicidade verdadeira?

Não há dúvida de que o espessamento, nos últimos anos, de episódios epidêmicos e pandêmicos constitui uma sincronicidade. No entanto, objeções podem ser feitas para contestar essa alegação.

A primeira objeção é que as zoonoses não são condensadas apenas nas últimas décadas. Eles sempre estiveram lá, mas o homem nunca os levou em consideração porque lhes faltava as ferramentas necessárias para tomar consciência de sua existência.

A segunda é que no passado não havia tantas epidemias zoonóticas porque a população humana e, portanto, também o movimento de pessoas, era muito pequena. Como resultado, o vírus teve menos oportunidades de se espalhar.

Ambas as objeções são evidências favoráveis, pois confirmam descaradamente uma pedra angular da teoria da sincronicidade: para ser assim, uma sincronicidade deve ser realizada "na hora certa". Bem, qual momento poderia ser mais correto que o presente?

Obviamente, se as epidemias tivessem acontecido quando as condições não estavam presentes ou quando não pudessem ser detectadas, esse não seria o momento certo.

O momento certo começou agora, quando o vírus adquiriu a capacidade de circular de forma visível e o homem adquiriu a capacidade de descobrir sua existência. Somente nessas condições a sincronicidade pode ser "numinosa", perturbadora, educacional e, portanto, eficaz.

No caso de zoonoses recentes, todas as condições para afirmar que é sincronicidade são cumpridas.

- Surtos individuais ocorreram em diferentes partes do mundo, sem causa plausível que pudesse ligá-los.

- As epidemias individuais podem ser consideradas como um todo, não é difícil vinculá-las harmonicamente e logicamente entre si.

- As epidemias têm uma comunhão semântica, podem ser reunidas com um simbolismo coerente: homem-animal, comida-doença.

- As epidemias criam uma aura emocional, impõem atenção para despertar espanto e perplexidade. Eles geram nas pessoas o sentimento e o medo de se envolver em um evento místico, quase sagrado ou, como Jung diz, "numinoso".

A mensagem dessa sincronicidade não é de todo enigmática, mas pode ser entendida por qualquer pessoa que queira entendê-la. A mensagem é: deixe os animais em paz.

No espírito deste livro, a mensagem não deve ser mal interpretada, interpretando-a como um simples apelo à tendência dos direitos dos animais.

O relacionamento diferente com os animais e com toda a natureza não é um fim em si mesmo, por mais merecedor que seja, mas deve ser preparatório para o próximo salto evolutivo que a mente universal está preparando para a humanidade.

O caminho evolutivo humano não segue linearmente, porque a raça humana faz escolhas que se afastam perpetuamente do único caminho que leva à paz e à harmonia. Algumas sincronicidades são como tapa que força a humanidade a voltar ao caminho certo. Nesse sentido, as epidemias podem ser interpretadas como uma pedagogia corretiva inevitável que provém da vontade que queria que esse universo fosse formado de maneira a permitir o nascimento da inteligência. A espécie que leva esse dom, a humanidade, deve ser guiada em direção ao triunfo da inteligência sobre a brutalidade. A espiritualidade deve prevalecer sobre a materialidade. O respeito pela natureza animal é um passo necessário. Para o resto, o caminho ainda é longo.

Omraam Mikhaël Aïvanhov era um filósofo e pedagogo búlgaro. Em seus "Pensamentos diários", ele diz que:

"O homem deve espiritualizar o plano físico. Mas, aguardando milhões de anos para atingir esse grau de evolução, os seres humanos devem concentrar todos os seus esforços para fazer a Terra vibrar em harmonia com o mundo divino. A evolução da humanidade passa pelo domínio e espiritualização do plano físico".

"

Tabela cronológica de pandemias

14 bln años Big Bang
Constantes universales
Creando estrellas y planetas.
Nacimiento y difusión de carbono
4.5 años de bln Nacimiento del planeta Tierra
65 millones de años. Extinciones masivas
2-4 millones de años. La selección premia al homo sapiens
5000 a.C. Concepto Soul of the World
300 a.C. Platón y neoplatónicos

1350 La peste negra

1530 Jerome Fracastoro y la Simpatia rerum
1600 Jordan Bruno De Universi mundi
1900 Carl Jung. Visión positiva del inconsciente
Teoría del inconsciente colectivo
Los arquetipos
Lo Psicoide

1918 Fiebre española

1920 Bohm y la Escuela de Copenhague
1927 Heisemberg Principio de indeterminación
1927 Principio Complementario Bohr
1943 Bohm y los plasmas
1950 Jung y la teoría de la sincronicidad
1955 Interpretación de Copenhague

1957 Influencia asiática

1960 Experimento de doble hendidura.

Años 60 Machupo. Marburg

1973 Brandon Carter enuncia el principio antropogénico

Años 70 Monkeypox, ébola

1981 VIH, SIDA

1990 SNV, Hendra, WWAV, Aviaria, Hong Kong, Nipah, Nilo Occidental

1983 Confirmación final del enredo
2000 Papel de observador.

2000 MERS, SARS

2009 Fiebre sórrica
2019 Coronavirus Covid-19

... E é doce o naufragar-me nesse mar

Sempre cara me foi esta colina
Erma, e esta sebe, que de tanta parte
Do último horizonte, o olhar exclui.
Mas sentado a mirar, intermináveis
Espaços além dela, e sobre-humanos
Silêncios, e uma calma profundíssima
Eu crio em pensamentos, onde por pouco
Não treme o coração. E como o vento
Ouço fremir entre essas folhas, eu
O infinito silêncio àquela voz
Vou comparando, e vêm-me a eternidade
E as mortas estações, e esta, presente
E viva, e o seu ruído. Em meio a essa
Imensidão meu pensamento imerge
E é doce o naufragar-me nesse mar.
(O infinito de Giacomo Leopardi. Tradução de Manuela Colombo)

Vida após a morte

O que acontece depois da morte? Muitos não acreditam que a vida possa continuar depois que o corpo morre. Dr. Eben Alexander, neurocirurgião americano, professor da Harvard Medical School em Boston e especialista em cérebro, pertencia a essa categoria.

Ele rejeitou fortemente a hipótese de que poderia haver uma vida após a morte. Como parte de sua profissão, Alexander ouvira muitas vezes sobre experiências de EQM (Near Death Experience), mas com base em sua educação científica puramente materialista, Alexander sempre considerou esses contos como sonhos ilusórios ou ilusões. resultante de confusão cerebral. Ele definitivamente mudou de idéia em 2008. Os médicos do hospital geral em Lynchburg, Virgínia, onde o Dr. Eben trabalhava, diagnosticaram-no com uma forma excepcional de meningite bacteriana. A melhor perspectiva era sobreviver em estado vegetativo. A expectativa de vida tornou-se praticamente nula quando o médico foi levado à sala de emergência.

No entanto, nessa situação desesperadora, o Dr. Eben viveu uma experiência que o converteu em uma visão espiritual da realidade. Ele chegou à vida após a morte, mas conseguiu se salvar e descreveu esses momentos cruciais em um artigo publicado no semanário americano Newsweek. Posteriormente, em 2013, Alexander escreveu o livro "*Proof of Heaven. A Neurosurgeon's Journey into the Afterlife*". No livro, Alexander relata sua experiência de quase morte.

> "Eu estava em uma dimensão maior do universo. Mas, enquanto os neurônios do meu córtex foram reduzidos à completa inatividade, minha consciência, liberada do cérebro, passou por uma dimensão com a qual eu nunca sonhei. Fiz uma viagem a um ambiente cheio de grandes nuvens rosa e brancas ...

Muito acima dessas nuvens, no céu, seres iridescentes circulavam em círculo, deixando longas trilhas para trás. Eles eram pássaros? Eles eram anjos? Nenhum desses termos descreve bem esses seres, porque eram diferentes de qualquer coisa que eu pudesse ver na Terra. Eles eram seres superiores, mais avançados do que nós.

... Agora, para mim, a idéia materialista do corpo e do cérebro como produtores da consciência humana está desatualizada. Em vez dessa idéia, uma nova visão do corpo e do espírito já está surgindo. Essa visão é, ao mesmo tempo, científica e espiritual ".

Experiências de EQM

As experiências nas fronteiras da morte, também conhecidas como EQM, são fenômenos descritos com bastante frequência por pessoas que retomaram suas funções vitais após uma parada cardiovascular ou após um coma. Às vezes, essas experiências são vivenciadas por pessoas que preservaram suas funções vitais, mas correm um sério risco de morrer, por exemplo, durante uma operação ou durante um grave acidente de carro. As histórias feitas por pessoas que viveram essas experiências contêm muitos elementos comuns. Aqui está uma lista das descrições que ocorrem com mais frequência:

- Eu atravessei um grande túnel de luz no final do qual alguns entes queridos estavam me esperando. Eu me comuniquei com eles de uma maneira não verbal, mas mental.

- Deixei meu corpo, mas pude observá-lo de cima, testemunhando todas as operações realizadas por médicos em mim.

- Cheguei a um "ponto de fronteira" além do qual não queria mais voltar à vida normal.

- Eu experimentei sons, luzes e cores que não consigo descrever porque nunca os vi na Terra.

- Revivi momentos da minha vida terrena, mesmo aqueles imediatamente após o meu nascimento

- Eu senti uma grande sensação de paz e serenidade.

- Encontrei seres luminosos ou angelicais que me deram mensagens de paz.

- Um ser em particular me disse que eu tinha que voltar à vida normal porque ainda não estava pronta.

Muitas vezes, o retorno à vida terrena é acompanhado pelo arrependimento de não ter podido permanecer naquele lugar de paz. Como resultado dessas experiências, muitas pessoas não temem mais a morte, o que é visto como uma feliz transição para uma realidade superior. Além disso, a experiência de quase morte leva a reconsiderar os valores da vida, antes de tudo, o amor por todos os seres vivos e a busca de harmonia com cada criatura.

Certamente, a ciência tem se interessado de várias maneiras nos fenômenos de EQM, principalmente para refutá-los. Segundo interpretações materialistas, esses fenômenos são simplesmente uma elaboração espúria da química do cérebro.

No entanto, atualmente não há estudos realmente aprofundados, exceto o conduzido por Pim Van Lommel, um cardiologista holandês que, em conjunto com outros colegas, em 2001 publicou os resultados na prestigiosa revista médica "The Lancet". É um estudo realizado há mais de 10 anos em 344 pacientes, de acordo com protocolos científicos e estatísticos.

Em particular, o estudo queria verificar se essas experiências foram o resultado de atividade cerebral espúria colocada em um estado de confusão pela gravidade do evento, como alegavam círculos materialistas. A alternativa foi que essas experiências fossem um fenômeno independente, de origem externa ao cérebro.

Após uma longa análise realizada com várias metodologias, mas principalmente com o controle dos encefalogramas dos pacientes, a conclusão foi que as memórias da EQM não coincidiram de modo algum com as atividades cerebrais encontradas durante o monitoramento do EEG. Na prática, não havia contemporaneidade entre a experiência enquanto ela estava sendo vivida e algum estado particular de excitação do cérebro. Portanto, o cérebro não "participou" ativamente do evento. De fato, de acordo com o estudo, não havia sequer a possibilidade de relação entre algum epifenômeno cerebral de origem indireta e experiências. De fato, o estudo concluiu que as EQMs devem ser interpretadas como "estados de consciência" totalmente separados do corpo.

A conclusão causou sensação, principalmente porque havia sido publicada na revista Lancet, que representa a ortodoxia científica mais severa. O Lancet submete os artigos a várias verificações e certamente não teria realizado um estudo que não havia sido conduzido da maneira mais impecável possível.

Em 2007, o Dr. Van Lommel coletou os resultados de sua pesquisa em um livro "*Consciousness Beyond Life: The Science of the Near-Death Experience*".

O oceano do conhecimento

Nosso quebra-cabeça está quase completo. Resta apenas uma pequena área estreita entre a borda e o promontório em que o castelo fica. A cor azul sugere que é um mar. Coletamos as poucas peças restantes e também preencheremos esse último espaço, mais por dever do que por prazer, já que agora quase todo o design é recomposto.

Quase indiferentemente, colocamos as peças no lugar delas. No entanto, algo não está funcionando como deveria. Percebemos que, mesmo que muitas peças sejam colocadas, a pilha de quem espera não diminui. De fato, parece aumentar. À medida que tentamos preencher esse espaço marítimo, todos os outros espaços diminuem e se tornam menores. O castelo parece encolher, a torre parece encolher, o promontório rochoso parece afundar. Enquanto tudo o que não é mar diminui e desaparece, as águas se expandem para cobrir todo o espaço, o quebra-cabeça inanimado ganha vida e se transforma em uma paisagem absolutamente nova, feita apenas de mar. E de repente aquele mar, tão calmo e azul como era, começa a se mexer. Uma força desconhecida sobe do fundo para a superfície. O mar treme, sopra, fermenta, frita, quase borbulha, enquanto pequenas partículas de sua água espirram para cima e desse frenesi nasce uma espuma. Todo o mar é agora uma espuma que canta, dança, gira e deslumbra com seus reflexos e, ao fazê-lo, espalha fragmentos de si mesmo em nossas mentes e em nossos olhos atônitos.

No entanto, logo abaixo da superfície, tudo é paz. Além de uma camada espumosa muito fina, sob o mar existe um oceano calmo de águas calmas e sem fronteiras. São águas claras, mas inescrutáveis, em sua imensa profundidade. Há um enorme contraste entre a ebulição da superfície e a tranquilidade abaixo. Lentamente, uma percepção lúcida acaricia nosso espanto.

Esse mar é o conhecimento "implicado" que vive no nada. É a sede do nada que é tudo, do silêncio não criado que cria. Aqui tudo nasce do nada e cai no mesmo nada.

Neste mar, a sabedoria e toda a energia se somam e são cobertas com uma fina película de espuma. Isso é espuma quântica. Aqui a matéria vive fugazmente apenas para permitir que o conhecimento exista.

O conhecimento precisa dessa camada fina, onde o poder

presente no nada, gera fragmentos de matéria para que o vazio não fique vazio. É necessário que nada se torne diferente do nada, para que o Conhecimento possa tomar consciência de si mesmo e afirmar sua presença.

O vácuo quântico gera, naquele filme vibrante e trêmulo, ondulações efêmeras do nada, assim como nós somos, um verbo que brevemente se transforma em carne para espirre para cima brilhando na superfície do mar, iludindo-se de que tudo está sujeito a ele.

Em vez disso, não somos nada além da diferença necessária, a divisão temporária, os "diàbolos" destinados a ser o Observador que observa o nada probabilístico, de modo que ele desmorona no conhecimento infinito. Fomos escolhidos para ser "o outro" que, no orgulho de um momento fugaz, observa o espírito e permite que ele seja autoconsciente. Nossa tarefa dura um momento e já acabou.

O motivo está prestes a ser esmagado, mas de repente a tranquilidade ressurge. Quanto tempo durou essa visão? Um segundo ou um século? Agora o mar está calmo à nossa frente, mas tudo foi submerso, existem apenas águas cobertas por uma camada muito fina de espuma e um pequeno remanescente de terra em que colocamos os pés.

Nosso caminho no universo "implicado" deve parar nas margens de um mar feito de espuma quântica. Não é um mar navegável. Da costa, podemos observar um horizonte além do qual o sol se põe e não nasce mais. Gostaríamos de empurrar nossa alma além desse horizonte, mas temos medo de que nunca mais volte. Talvez a alma seja engolida, destruída, reduzida a uma estátua de sal. Ou talvez a alma seja sugada pelo túnel de luz e fascinada por novos panoramas a ponto de não querer mais voltar. Talvez a alma, se a libertarmos, encontraria nas profundezas da "dimensão implicada" o "Tudo em Um", o "Unus mundus". A alma encontraria a fonte capaz de satisfazê-la e de lhe dar a plenitude da sabedoria, conhecimento, confiança e segurança, porque não existe perigo onde tudo é conhecido.

Hesitamos, enquanto a espuma lambe nossos pés. Nossa alma treme porque gostaria de lançar-se além desse horizonte, mas o medo vence. Viramos as costas e fugimos. Apesar disso, uma grande nostalgia nos envolve, como se nossa jornada além desse horizonte misterioso fosse apenas o retorno a algo já visto e desfrutado. É isso mesmo, já vimos o mistério, está dentro de nós.

Bibliografia

Amir Dan Aczel, Entanglement. The greatest mystery of physics.

Barbour Julian, End of the time.

Barrow John David, From zero to infinity. The great story of Nothing.

Barrow John David, The numbers of the universe,

Barrow John David, Why is the world a mathematician?

Barrow John David, look Frank The anthropic principle.

Beitman Bernard, Messages from coincidences.

Cambray Joseph, Synchronicity. Nature and Psyche In a connected universe.

Cantalupi Tiziano, Santarcangelo Donato, Psychism and reality. .

Capra Fritjof, The Tao of physics.

John Cederquist, Coincidences They don't exist.

Cesati Cassin Marco, We're not here by chance.. The power of coincidences.

Subrahmanyan Chandrasekhar, Truth and Beauty. The reasons for aesthetics in science.

Chinnici Giorgio, Case Guard. The secret mechanisms of the quantum world

Chopra Deepak, Coincidences

Ford Kenneth, The world of Quanta. Quantum physics For everyone.

Gamow George, The Adventures of Mr. Tompkins.

Gamow George, Mr. Tompkins ' New World.

Goswami Arneb, Quantum Lighting Guide.

Greene Brian, The plot of the cosmos. Space,

Greene Brian, The hidden universes of parallel reality And the profound laws of the cosmos.

Greene Brian, The elegant universe. Superstrings, hidden dimensions and the pursuit of definitive theory.

Hawking Stephen The Universe in a nutshell.

Hawking Stephen The theory completely. Origin and destination Dell Universe.

Hawking Stephen The great history of the time.

Hawking Stephen Do Big Bang For black holes. A brief history of the universe.

Heckler, Richard, Coincidences.

Robert Hopke, Nothing happens by chance.

Joseph Frank, The power of coincidences.

Young Carl The analysis of Dreams. Archetypes of the unconscious. Synchronicity.

Young Carl Memories, DreamsReflections.

Kane Gordon, The Garden of Particles Elemental.

Shani Mani Quantum. From Einstein In Bohr, quantum theory, a new idea of reality..

Rei Hans, Christianity and Chinese religiosity.

Lederman Leon, Hill Christopher, Physical Quantum for Poets

Licata Ignazio, Watching the Sphinx.

Motterlini Matteo, Mental traps.

Peat David, Synchronicity. A union between the matter e Psyche.

Popper Karl, The Ego and your brain.

Radin Dean. Intertwined minds. Psychic phenomena explained by quantum physics.

Rhine Louisa, Psychokinesis. in mind Dominates matter..

Schumacher Ernst, A guide to the Perplexed, the B

Sheldrake Rupert, The illusions of Science.

Sheldrake Rupert, The mind Extended..

Michael Smith, Young and Shamanism.

Sparzani and Panepucci. (Curators) Young and Pauli. The original correspondence: The meeting between psyche and matter.

Henry Stapp Quantum theory and free will..

Michael Talbot, All is a. Feltrinelli

Teodorani Massimo, Bohm. The Physics of Infinity.

Teodorani Massimo, in mind Creative. From the physical universe to intelligent life.

Teodorani Massimo, The entanglement. The Weave In the quantum world: particles To consciousness.

Teodorani Massimo, Synchronicity. The link between physics and psyche. Da Pauli Young ' s Next In Chopra.

Teodorani Massimo, The Atom and the particles Elementary.

Seems Frank The physics of Immortality.

John White, The encounter between science and spirit..

Claudio Widmann, Synchronicity and coincidences Significant.

Claudio Widmann, Introduction to Synchronicity.

Don't miss out!

Visit the website below and you can sign up to receive emails whenever Jose Moniz publishes a new book. There's no charge and no obligation.

https://books2read.com/r/B-A-LPUH-XMAHB

BOOKS 2 READ

Connecting independent readers to independent writers.